*Suzuki* *Sake*

# 埼玉の淡水魚図鑑

*Aburahaya*

*Dojo*

*Bora*

知来 要 =写真
斉藤裕也 =編・監修

*Nigoi*

*Numachichibu*

さわらび舎

# はじめに

　埼玉県は利根川と荒川という大河川を中心に網の目のように川や用水路が流れるまさに川の国です。緑豊かな山間部だけでなく身近な都市部の川にも多くの魚たちがたくましく生きています。釣りや魚捕りで捕まえた魚たちを水の入った水槽やビニール袋に入れてあらためて観察してみてください。きっと想像以上に綺麗で、そしてカワイイ顔をしていることに驚くと思います。

　埼玉県幸手市に生まれ育って長い年月地元の魚と接してきましたが、子供の頃近所の川に父親に連れられて魚捕りや釣りをして過ごした日々の記憶が今でも鮮明に残っています。川の国の親子の絆は川で育まれるものなのかもしれません。その後、都市化の波や農薬使用などで川は一時期瀕死の状態のときもありましたが現在、埼玉県の川再生プロジェクト等の努力により水質が改善され、魚たちも徐々に本来の姿に戻ってきました。

　いつまでも親子で釣りや魚捕りができる川の国でありますように。
そんな願いを込めて埼玉県初の淡水魚図鑑を作らせていただきました。
川で捕まえた魚を知る手掛かりに役立てていただければ、幸いです。

2018年初秋
知来　要

# 埼玉県の河川と淡水魚

埼玉県は海に面していない内陸県である。県西部には2000m級の秩父山地があり、東に向かって標高を下げ、丘陵地から平地と台地が広がる平野部へとつながる。県東部は荒川や利根川が作り出した広い関東平野となっている。なお荒川の流域は県土の66％を占める。山々の水を集めた川は平野との境で扇状地を形成し、平野部では蛇行する。人々は低地に水田を開き、用水路を縦横に造った。また、丘陵地では溜め池を造成して田畑を涵養した。そして江戸時代になると土木工事によって大河川は分離されて荒川は東京湾に、利根川は太平洋に注ぐ別河川になった。

淡水魚はこの環境に順応して様々な種が生息している。日本の淡水魚の多くが大陸由来なので、より近い西日本や琵琶湖周辺と比較すると関東地方の魚種は多いものではない。しかし埼玉県内にはムサシトミヨ、ミヤコタナゴなど関東地方の固有種がいる。また琵琶湖由来の国内外来種や海外から持ち込まれた外来種が多いのも特徴である。

「平成29年度 埼玉の土地」(埼玉県) 埼玉県砂防課資料
『荒川―荒川調査報告書 自然編―』を元に作成

**目次**

はじめに ……………………… 2
埼玉県の河川と淡水魚 ……… 3

# 上流域の魚

ニッコウイワナ ……………… 8
ヤマメ ………………………… 12
ニジマス ……………………… 18
カジカ ………………………… 20
アブラハヤ …………………… 22
ウグイ ………………………… 24
ワカサギ ……………………… 26

# 中流域の魚

オイカワ ……………………… 30
カワムツ ……………………… 32
ヌマムツ ……………………… 32
ギバチ ………………………… 34
アカザ ………………………… 36
ヒガシシマドジョウ ………… 38
ホトケドジョウ ……………… 40
マルタ ………………………… 42
ニゴイ ………………………… 46
カマツカ ……………………… 48
ビワヒガイ …………………… 50
ハス …………………………… 52
ムギツク ……………………… 54
ホンモロコ …………………… 55

スゴモロコ …………………… 56
ムサシトミヨ ………………… 58
ニホンウナギ ………………… 60
ヨシノボリ類 ………………… 64
ウキゴリ ……………………… 68
ムサシノジュズカケハゼ …… 70
スナヤツメ …………………… 72
サケ（シロサケ）……………… 74
アユ …………………………… 78

# 下流域の魚

ヌマチチブ …………………… 84
チチブ ………………………… 84
コイ …………………………… 88
キンブナ ……………………… 90
ギンブナ ……………………… 91
ゲンゴロウブナ ……………… 92
ソウギョ ……………………… 95
ハクレン ……………………… 96
コクレン ……………………… 97
アオウオ ……………………… 98
チョウセンブナ ……………… 99
オオクチバス ………………… 100
コクチバス …………………… 102
ブルーギル …………………… 103
ツチフキ ……………………… 104
タモロコ ……………………… 106
ワタカ ………………………… 108
ナマズ ………………………… 110

4

チャネルキャットフィッシュ
（アメリカナマズ）⋯⋯⋯⋯ 112
カムルチー ⋯⋯⋯⋯⋯⋯ 113
ドジョウ ⋯⋯⋯⋯⋯⋯⋯ 114
ミナミメダカ ⋯⋯⋯⋯⋯ 116
カダヤシ ⋯⋯⋯⋯⋯⋯⋯ 118
ミヤコタナゴ ⋯⋯⋯⋯⋯ 120
ヤリタナゴ ⋯⋯⋯⋯⋯⋯ 122
タイリクバラタナゴ ⋯⋯⋯ 124
カネヒラ ⋯⋯⋯⋯⋯⋯⋯ 126
モツゴ ⋯⋯⋯⋯⋯⋯⋯⋯ 128
カワアナゴ ⋯⋯⋯⋯⋯⋯ 130
クルメサヨリ ⋯⋯⋯⋯⋯ 132
ボラ ⋯⋯⋯⋯⋯⋯⋯⋯⋯ 134
マハゼ ⋯⋯⋯⋯⋯⋯⋯⋯ 136
アシシロハゼ ⋯⋯⋯⋯⋯ 138
スズキ ⋯⋯⋯⋯⋯⋯⋯⋯ 140

# 埼玉県内の絶滅種

ゼニタナゴ ⋯⋯⋯⋯⋯⋯ 142
タナゴ ⋯⋯⋯⋯⋯⋯⋯⋯ 142
ミヤコタナゴ ⋯⋯⋯⋯⋯ 143
アカヒレタビラ ⋯⋯⋯⋯ 143
シナイモツゴ ⋯⋯⋯⋯⋯ 143

# 水生生物

サンショウウオの仲間
トウキョウサンショウウオ ⋯⋯ 144
ハコネサンショウウオ ⋯⋯ 145
ヒガシヒダサンショウウオ ⋯⋯ 145
アカハライモリ ⋯⋯⋯⋯ 146

アメリカザリガニ ⋯⋯⋯⋯ 147
スジエビ ⋯⋯⋯⋯⋯⋯⋯ 148
テナガエビ ⋯⋯⋯⋯⋯⋯ 149
カニの仲間
サワガニ ⋯⋯⋯⋯⋯⋯ 150
モクズガニ ⋯⋯⋯⋯⋯ 151
クロベンケイガニ ⋯⋯⋯ 151

［情報］
埼玉県の漁業協同組合一覧 ⋯⋯ 153
埼玉県の川と魚を学ぶ施設 ⋯⋯ 154

［Column］
伝統漁法を転用した漁礁づくり ⋯⋯ 28
違いではなく共通点を見い出す ⋯⋯ 53
増えすぎたカワウへの対策 ⋯⋯ 82
利根川の四大家魚 ⋯⋯⋯⋯ 94
タナゴ類と二枚貝の関係 ⋯⋯ 119
淡水魚の養殖が盛んな埼玉県 ⋯⋯ 152

索引 ⋯⋯⋯⋯⋯⋯⋯⋯⋯ 158
おわりに ⋯⋯⋯⋯⋯⋯⋯ 159

## 本書について

本書では埼玉県下に生息する約70種の淡水魚を掲載している。掲載順は生息域ごとに分け、上流域、中流域、下流域とした。淡水魚の他にも水辺で見られる両生類、甲殻類を掲載している。

魚の名前は和名と学名を記載し、その横に右記のような区分表示を記した。一つは本来の分布域を示す表示である。長年に渡って地域に生息してきた種を「在来種」、国内の他地域から人為的に導入された種を「国内外来種」、日本国外から人為的に導入された種を「外来種」として表示した。外来種には、特定外来生物と生態系被害防止外来種リストの指定種が含まれる。絶滅の恐れのある種に関してのランク表示は、最新の知見や県・環境省のレッドリストでの評価を参考にしながら記した。レッドデータのカテゴリーは次の通り。絶滅（EX）、野生絶滅（EW）、絶滅危惧IA類（CR）、絶滅危惧IB類（EN）、絶滅危惧II類（VU）、準絶滅危惧（NT）、情報不足（DD）、絶滅のおそれのある地域個体群（LP）。また、淡水魚には一生涯を淡水で過ごす純淡水魚、海と淡水を行き来する回遊魚（遡河と降海）、汽水域が主な生息地となる周縁性淡水魚がおり、このうち回遊魚とされる種を個別に表示した。

- ■ 在来種
- ■ 国内外来種
- ■ 外来種（国外外来種）
- ■ 絶滅の恐れのある種
- ■ 回遊魚

**表記例**

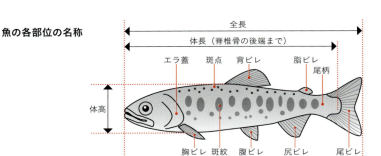

**魚の各部位の名称**

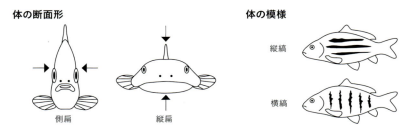

体の断面形　　　体の模様

# 上流域の魚

秩父山地の荒川源流

# ニッコウイワナ

*Salvelinus leucomaenis pluvius*
●サケ科イワナ属

全長：約25cm

【分布】北陸地方と中部地方以北、東北地方南部までの河川最上流域。埼玉県では、真夏でも水温が20℃以下の主に秩父地方の山間渓流に生息する。
【生態】イワナにはゴギ、ヤマトイワナ、ニッコウイワナ、エゾイワナ（アメマス）の4亜種がある。埼玉県に生息するのはニッコウイワナで、栃木県日光山地でとれた標本をもとに名付けられたのが名前の由来。水生昆虫や水面に落下した昆虫、小魚、サワガニなどを食べ、30cm程度まで大きくなる。大物はヘビを食べたという話もある。産卵は11月頃で主に小支流に遡上して行われる。ペアで産卵行動を行い、メスが小砂利の川底を掘り、200〜300粒程度を産みつける。卵は60日前後でふ化し、1年後には体長10cm程度、2年後には15cm程度に成長し、ふつう2〜3年で成熟する。15〜25cm程度の個体が多く、30cmになる個体は限られる。
【特徴】体側に白点があるが、15cm前後の大きさになるとそれに加えて橙色の斑点がみられる。秩父地方の個体は、他地域よりもこの橙色が鮮やかであるといわれる。個体数も多くなく、川の最上流の渓流に生息することから「幻の魚」と呼ばれ、釣りの対象魚種として人気が高い。

10月下旬から11月、荒川源流部や支流上流部で産卵が行われる。産卵床を掘る右側がメス

体色が濃く朱点の赤みが強い秩父地方のイワナは俗に"秩父イワナ"と呼ばれている

上流

山や森が豊かで保水力があり、多くの動植物を育む環境がイワナにとってもすみよい流れをつくりだす

# ヤマメ

*Oncorhynchus masou masou*
● サケ科サケ属

全長：約18cm

【分布】北太平洋のアジア側に生息し、カムチャッカ、朝鮮半島東部、サハリン、日本に生息する。日本の分布域は、北海道と本州の神奈川以北太平洋岸と山口以北の日本海岸、九州の瀬戸内海側河川を除く範囲。

【生態】県内の渓流に広く生息し、秩父以外には入間川などにも見られる。関東地方では多くの個体が河川の上流域で一生を送る「陸封型」で、海に降りる「降海型」の個体はサクラマスと呼ばれ稀な存在である。関東と北陸以西は、多くが陸封型のヤマメである。

真夏でも水温が20℃までの上流域に生息するが、一般的にヤマメの生息域はイワナより下流である。流下してくる水生昆虫や落下昆虫などを食べ、大きく成長すると30cmに達するものもいて、小魚も食べる。生息地の淵の中では、流れの上流側に大きな個体が位置し、流下してくる餌を他の個体より先に食べ、小さな個体はその残りしか食べることができない。産卵はイワナよりも早い時期に始まり、水温13〜16℃程度の紅葉とほぼ同じころに始まる。比較的流れのはやい淵尻や平瀬、早瀬

水面上を飛ぶカゲロウに水中から狙いを付けて飛び出したヤマメ。フライフィッシングはこの習性を利用して虫に似せた毛バリで釣る

ヤマメは降海するとサクラマスと呼ばれる。2年後川に戻ってきたサクラマス

において、直径1〜3cm程度の礫をメスが掘り、1回に100粒前後の卵を産みつける。水温10℃の場合、約40日でふ化する。ふ化した仔魚は、卵黄を吸収し終わるまで産卵床内にとどまり、2月頃には3cmほどの稚魚が泳ぎだす。翌春には13〜18cmに育ち、もう1年生存すれば25cmくらいに成長する。
【特徴】体側には、サケ科魚類の幼魚期の特徴である楕円形のパーマークが並ぶ。本種は「渓流の女王」といわれ、俊敏な動きと美しい姿から釣りの対象魚として人気が高い。毛バリ釣りの好敵手で素早い動きには翻弄される。漁協などの稚魚放流も行われている。釣った後は塩焼きやバター焼きにすると、たいへん美味しい。

海に向かうサクラマスの稚魚は背ビレと尾ビレの先端が黒くなる。次第に魚体も銀白色に変化していく

ふ化したばかりのサクラマスの稚魚

15

山桜の開花するころヤマメたちも
活発に餌をとるようになる

# ニジマス

*Oncorhynchus mykiss*
●サケ科サケ属

全長：約20cm

【分布】外来種。本来の分布域はアメリカ太平洋側からロシアのカムチャッカ半島まで。
【生態】サケ科魚類としては比較的高い水温に耐え、病気に強く飼い易い。大型になることから日本だけでなく世界的に広く養殖されている。黄色のニジマスはアルビノと称され、斑点の無いホウライマスと呼ばれる系統もある。
【特徴】県内で見られるニジマスは、その全てが養殖されたもので、長野県など近県から活魚車で運ばれてきて、数日間畜養されてから釣り堀などで利用される。日本への移入当初は山間地の蛋白源として重要視され、全国で広く養殖が奨励された。当時活発であった養蚕のサナギを餌として使用したので、サナギ臭いニジマスが生産されたこともあった。河川に放流されたものはその日のうちに8割以上が釣られてしまい、1週間以内にほぼ全てが釣られてしまう。渓流釣りの初心者の対象魚や、

水面上を飛ぶカゲロウや昆虫を狙って飛びつくニジマス

稚魚期はほかのサケ科の魚同様にパーマークがくっきりと見える

管理釣り場の主要魚として欠かせない存在である。北海道には河川で自然繁殖する集団が知られているが、釣り堀の魚とは別物で、素晴らしいファイトを見せる。海中での養殖は国内だけでなく、チリなど海外でも行われ、2～5kgと大型にしたものが半身（フィレ）に加工され、トラウトサーモンと名を変え、切り身や刺身用として流通している。養殖場では餌の与え方で身の色合いや脂の乗り具合が調整される。

# カジカ

*Cottus pollux*
● カジカ科カジカ属

上流

全長：約10cm

【分布】本州のほぼ全域、四国、九州の一部の河川上流域から中流域に生息する。日本海側河川には中卵型、それ以外の海に近い河川には小卵型がおり、いずれも別種である。大きな河川の上流には大卵型のみで、多摩川、荒川、利根川には大卵型のみが生息する。
【生態】県下の河川中流域のきれいな礫が多い場所に生息し、ヤマメやイワナとともに上流の渓流域にも生息する。河川水質が良好であれば標高100m以下の市街地近くでも生息するなど、河川環境を示す指標種となる。産卵は早春で、礫裏に白い卵塊を産み、オスがその卵塊を守る。産卵から約1ヶ月でふ化し、稚魚は流れの緩い場所に見られるようになる。ほぼ川虫のみを餌とする。産卵は6cm程度より大きい個体が行う。10cmあれば大型のほうで、この大きさになるには数年が必要だ。
【特徴】ハゼの仲間と似た形態をしているが体にウロコは無く、腹ビレも左右分かれているので簡単に判別できる。礫の隙間が主な生息場所で、砂の堆積で礫の下が埋る「はまり石」になると極端に生息数は減る。見かけはあまり良くないが食べておいしい魚で、カジカの骨酒は秀逸な一品である。

底石の色に合わせて
体色を変化させる

時代劇の悪役のような
面構えだが小さな目が
かわいい

21

# アブラハヤ

*Phoxinus logowskii steindachneri*
●コイ科ヒメハヤ属

全長：約10cm

【分布】本州の青森県から福井県までの日本海側と、青森県から岡山県にかけての太平洋側に分布。県内では山地から丘陵地帯にかけての河川に広く分布。
【生態】河川の上・中流域の淵や淀みに群れることが多く、山あいの池沼にも生息する。あまり流れには出ず、昼間は護岸や岸際の水草のかかる所に潜み、夕方に開けた場所で餌をとる。ボサのかかった岸際を網ですくうと容易にとれる。雑食性で水生昆虫や付着藻類を食べる。産卵期は4～7月までで、砂礫混じりの流れの緩やかな場所に群れで産卵する。卵は7日ほどでふ化し、1年で約7cmになり成熟する。最大約15cmで大型のメスは口が突出する。
【特徴】体は細長く口ヒゲは無い。体の中央に黒い縦縞があり前方に行くに従い不明瞭になる。体側に不規則な黒褐色の斑が散在する。ウロコが小さく体表がぬめっとしていることから名前がついた。どんな餌にでも反応するので釣れても自慢できない魚の代表格だろう。かなり流れの細い場所でも部分的に溜まりがあれば生息し、ホトケドジョウやシマドジョウなどと同居していることもある。コイ科の魚では最も上流で見られる魚のひとつだ。

ウロコが小さく体表がヌルヌルしていることからアブラハヤの名前が付いた

正面から見ると丸みのある頭部で目は小刻みに動き落ち着きがない

# ウグイ

*Tribolodon hakonensis*
●コイ科ウグイ属

全長：約15cm

【分布】北海道、本州、四国、九州と広く分布するが西日本では生息しない川もある。県内では最上流域を除くほぼ全域に広く分布している。
【生態】河川の上流域から下流の潮間帯近くまで、湖や池沼、農業水路など広範囲に生息している。川では瀬や淵を活発に泳ぎ、朝夕は餌を求めて水面に表れ、冬は淵の深いところや物陰に隠れている。雑食性で底生動物を中心に落下昆虫、藻類、葉片など色々なものを食べる。産卵期は4〜5月。浮石のある瀬に黒くなるほど集まり、集団で産卵する。卵は7日ほどでふ化し、1年で10cmほどに成長し、通常2年で成熟する。大きな個体は30cm以上になるが、カワウの捕食でめったにいない。
【特徴】体は細長く側扁し、ウロコは細かい。腹面にかけては銀白色で肩からほぼ水平に黄緑色の縦縞がある。オスメスともに産卵期には腹部に朱色の3本の縦縞が現れ、追星※が出る。カワウの捕食などで生息数が激減しており、漁業協同組合などが川底を掘り起こして人工の産卵場「マヤ」を作り増殖を図っている。地域によりハヤ、クキ、アカハラとも呼ばれる。釣りの良い対象魚で、寒バヤ釣りは冬の風物詩である。

※追星：産卵期に体表に現れる白い小突起

別名アカハラと言われるウグイ。婚姻色でオレンジ色が濃く出ている

小砂利の流れ出しに群泳して集団で産卵する

正面から見ると目が大きくおちょぼ口でかわいい

# ワカサギ

*Hypomesus nipponensis*
●キュウリウオ科ワカサギ属

全長：約12cm

【分布】利根川と宍道湖（島根県）以北の河川下流域と潟湖に生息。荒川下流での生息が知られるが、自然分布か上流のダム湖由来かは不明。
【生態】ワカサギは早春、流入河川などに遡って産卵する。ふ化した稚魚は湖に流下して動物プランクトンを主な餌として成長し、夏には約6cmになる。釣りが解禁となる11〜12月は7〜10cmほどになるが、これより1年齢上の個体もいて12〜13cmほどの飛びぬけて大きいものが少数釣れることがある。
【特徴】ワカサギはミジンコが主食で、餌を探しながら中層を群れで泳いで少しずつ移動する。ダム湖でのボートによる釣りや氷に穴をあけた穴釣りのイメージが強いが、本来は河川下流域や汽水湖などの海跡湖が生息地だ。利根川水系より北に生息し、霞ケ浦や北浦が著名な産地である。県下での自然のワカサギは稀な存在で、現在は自然分布の個体より、卵を購入してダム湖や大きな溜め池で人工的に放流した個体のほうが知られている。ダム湖由来のワカサギが流下して、下流の河川が滞留する場所で一時的に釣りの対象となったりもする。

春、産卵のために湖にそそぐ河川に遡上してきた個体

頭の大きさに対して目が大きく驚いたような顔をしている

## Column 01
# 伝統漁法を転用した漁礁づくり

石を詰めた状態の「石倉籠」

石倉漁は、川底に石を積みあげて魚の隠れ場をつくり、石の間に魚が入った頃合いを見計らって、周りを簀や網で囲って石を除き、手網や投網、うけなどで魚を捕る伝統漁法の一つ。秋から冬に小魚を対象とする場合と、夏にウナギを狙う漁法がある。

石倉の中は、流れが静かでエビ類など魚の餌になる生物も利用する。しかもカワウやブラックバスなどから魚が避難する場所にもなる。こうした石倉が果たす魚礁の役割に着目し、設置するところが増えている。鉄線や強い繊維でできた籠に石を詰め、川に沈める。コンクリート護岸の場所や、河床が平坦化し魚の隠れ場が少ない川にこの石倉籠を設置し、魚を増やすのが目的だ。特に夏場になるとウナギが入ることから、資源の減少したウナギが増えると期待されている。

重機で河床に「石倉籠」を沈めて漁礁にする

中流域の魚

利根川中流に位置する利根大堰

# オイカワ

*Opsariichthys platypus*
● コイ科ハス属

全長：約13cm

【分布】自然分布は利根川以西であり、埼玉県も含まれる。しかし、琵琶湖産アユの放流に伴って結果的に移入された系統もあるようだ。県内では山間地域の渓流を除いた全域に分布する。

【生態】河川の中・下流の流れの緩やかな明るい場所や水の澄んだ湖沼にすむ。砂底または砂礫底の岸近くを好み、農業水路でもよく見かける。雑食性で底生動物や昆虫類の幼虫、付着藻類を食べるが、かなり植物食の割合が高い。産卵期は5～8月、流れの緩やかな礫混じりの砂底で雌雄一対で産卵する。卵は3日ほどでふ化する。1年で7～8cmに成長し、ほぼ2年で成熟して大型の個体は15cm以上になる。河川の周辺が明るく浅い場所が多いとオイカワが増え、周辺の樹木が発達して淵が形成されるとカワムツが増える傾向がある。

【特徴】体は細長く側扁する。体側は銀白色だが、産卵期のオスは緑色とピンク色が混じった派手な色になる。頭部や口の周りにはゴツゴツした追星が現れ、口の周囲は黒くなる。尻ビレも長く大きく伸長する。地域によりヤマベ、ハヤ、アカッパラとも呼ばれる。釣りの対象魚で塩焼、煮付けも良いが、骨ごと食べられる南蛮漬けも美味しい。

夏に鮮やかな婚姻色の出るオイカワのオス

鮮やかなオス（手前）に比べて地味な色合いのメス（奥）

# カワムツ・ヌマムツ

*Candidia temminckii, Candidia sieboldii*
●コイ科カワムツ属

カワムツ／全長：約15cm

【分布】両種とも国内外来種。本来の分布は中部地方より西の河川中流域。かの地では単にムツと呼ばれる。

【生態】いずれも河川中流域の少し流速の遅い瀬を中心に生息している。カワムツは淵のある場所を中心に生息し、支流にもよく遡る。ヌマムツはカワムツよりも比較的緩い流れに生息する。両種とも極めて似ているが5cm以上ならば識別が可能になる。いずれも動物性の餌を中心とした雑食性である。

【特徴】埼玉県では昭和40年代より越辺川水系の鳩山町周辺でヌマムツの生息が知られていたが、最近はカワムツが増えている。両者の違いは1950年頃から知られており、当初はカワムツA型・B型と呼ばれた。2003年に識別点が整理され、流水のより緩やかな場所に生息するA型を「ヌマムツ」と呼び、別種であることが確定した。現在はB型と呼ばれたカワムツが急速に生息域を拡大中で、群馬県や栃木県でも増えており、数年後には県内でも広範囲に生息する可能性が高い。カワムツ・ヌマムツの生息する場所は、本来ウグイやアブラハヤが生息していた水域であり、カワムツ・ヌマムツの増加で両種に影響が出ないか気になるところだ。

背ビレの前の縁だけオレンジ色になるカワムツ。頬や腹が赤みを帯びているのは婚姻色

胸ビレ、腹ビレがオレンジ色のヌマムツ

# ギバチ

*Tachysurus tokiensis*
●ギギ科ギバチ属

全長：約8cm（幼魚）

【分布】神奈川県、富山県以北の本州に分布。県内では山地から丘陵地帯の河川中流域を中心に分布している。
【生態】比較的きれいな水を必要とし、大きな川より中小河川に多い傾向がある。昼間は淵尻の岩や石の下、物陰などにおり、夜間や降雨後の水が濁った時に活動する。5cmほどの稚魚は植物の根元や茂みに群れることが多く、体色も黒褐色で、成長とともに茶褐色の部位が増えるようだ。肉食性で水生昆虫や小魚、エビ類を捕食する。産卵期は6～8月、石の下面などにゼリー質に包まれた緑色を帯びた黄色い卵塊を産み付ける。卵は4日ほどでふ化する。

1年で7～10cmに成長し、最大25cmになるが20cm以上の個体は多くない。
【特徴】体は細長く大きな頭に4対の口ヒゲを持つ。色彩は茶褐色に黄色味が加わり、黒褐色の大きな斑紋がある。ウロコは無い。背中に脂ビレがあり、尾ビレの切れ込みはきわめて浅い。胸ビレと背ビレに鋭いトゲがある。胸ビレの骨をすり合わせてギーギーと音を出し、トゲに刺されると蜂に刺されたように痛むことからギバチ（擬蜂）という名がついたと言われる。県内ではギバチ以外に、主に関西にすむギギや、特定外来種のコウライギギが獲れたとの情報もあり、留意が必要だ。

8本の美しいヒゲを持ち、キュキュという鳴き声のような音を発する

夜行性で昼間は石裏などに潜んでいる

# アカザ

*Liobagrus reinii*
●アカザ科アカザ属

全長：約10cm

【分布】利根川水系にのみ見られる国内外来魚。本来、太平洋側では中部地方より西、日本海側では秋田県より南の河川中流域に分布する。
【生態】水生昆虫などを主な餌として礫の多い場所に生息する。産卵期は初夏の頃。多くは10cmほどで最大でも12cm程度。動物性のものを餌とし、ヒゲで食物を探す夜行性の魚だが、川の水が濁った時にも活動している。そのため存在がわかりにくく確認が比較的難しい。本来の生息地は中部地方より西の河川中流域の上流側だが、1977年に群馬県内の利根川中流域で初めて確認された。以降、しだいに下流へ拡散しており、1996年には埼玉県の利根川に面した場所で確認され、さらに栃木県の渡良瀬遊水池へと広がっている。
【特徴】体は褐色に幾分橙色を帯びた色をしており、名前の由来ともなっている。口の周囲にはヒゲが8本ある。ギバチと同様に背ビレと胸ビレに合計3本のトゲを持ち、思いのほか鋭くて刺されると痛い目にあう。そのため本来の生息地ではハチ（蜂）と呼ぶ地域もある。県内での地方名はないようだが、もし従来から生息していれば特徴ある形態で必ず色々な名称があるはずだ。

夜行性で昼間は石の下などに潜んでいる。水生昆虫や小魚をたべる

目はかなり小さく前方についている。ヒゲは4対8本ある

# ヒガシシマドジョウ

*Cobitis sp. BIWAE type C*
●ドジョウ科シマドジョウ属

全長：約8cm

【分布】本州の東半分の河川中流域。
【生態】県下の河川中流域に広く生息し、砂から小礫の場所を中心に生息している。ドジョウが泥の堆積する場所に生息するのに対して、本種は砂が堆積する場所に生息する。初夏の頃に砂地で産卵し、じきに1cmほどの稚魚が生まれ、秋までに5cmほどに成長する。翌春には7～9cmに成長して繁殖に参加する。最大でも10cmに達しない。砂の中の小動物などを餌としているようで、観察すると、しきりに砂とともに小さい水生昆虫などを食べている。砂の堆積する場所とその近くの植物の間などに小型個体は多い。丘陵地帯の小河川にドジョウと共に生息する場所があり、河川環境が最も良い場所ではホトケドジョウも生息し、3種が同一河川で見られることがある。
【特徴】雑食性でオスとメスで体側の模様が少し異なる。オスは胸ビレが細く長いことでも簡単に識別でき、一般的にオスが小さい傾向がある。目の下にトゲがある。河川中流域の砂の有無と本種の生息状況は見事に連動している。従来は単にシマドジョウと呼ばれた。

6本の短いヒゲを持ち底生
藻類や水生昆虫を食べる

体側に円形の黒色の斑紋が
点列状に縦走して美しい

# ホトケドジョウ

*Lefua echigonia*
●ドジョウ科ホトケドジョウ属

EN

全長：約6cm

【分布】東北地方中部から中国地方まで。関東地方には北関東集団と南関東集団がおり、埼玉県内のホトケドジョウは両方が含まれる可能性がある。

【生態】丘陵地の谷津の奥の水田脇にある小流や、河川中流域の河川敷内の小さな湧水、崖下に染み出た小規模湧水から続く流れなどに局所的に見られることがほとんどである。どこの生息地も規模が小さく、1生息地あたりの個体数は多くない。川遊びなどで捕まえることがあるならば、ぜひ元の場所に返してほしい。6月頃に繁殖するようで梅雨頃には1cm、真夏には2cmほどの稚魚が親魚と共にいる。雑食性で色々な物を食べ、思いのほか高水温にも耐える。

【特徴】全長6〜7cm。ドジョウらしからぬ丸い顔にヒゲが8本とドジョウより多い。腹側から見ると内臓が薄くピンク色に見えるのが特徴。谷津の奥の小流にはホトケドジョウとトウキョウサンショウオの幼生が共存するように生息していることがあるが、そのような場所は開発行為によって急速に減少している。寿命は1〜2年程度で、飼育環境では3年生きることもある。

上唇にある3対のヒゲ（全部で4対8本ある）が怒っているような顔に見せているが温厚な性格の持ち主だ

ドジョウは底にいるイメージが強いがホトケドジョウは中層を泳ぎ水草などに身を潜めている

41

# マルタ

*Tribolodon brandtii maruta*

●コイ科ウグイ属

全長：約40cm

【分布】東京湾、富山湾以北の内湾に生息。春先に産卵のために河川を中流域まで群れとなって遡る。

【生態】通常は主に海もしくは塩分の薄い河口の汽水域や沿岸域で、ボラなどと共に生息している。河川へは産卵のために遡上するが、荒川、利根川では春先にその姿が見られる。荒川流域に遡上してくる個体は、東京湾を通じて多摩川と交流のある群れと推定される。多くはないが利根川にも遡上し、利根大堰の魚道を通過して本庄あたりまで遡る。産卵は河川中流域の小礫の瀬で群れて行われる。卵は10日ほどでふ化し、稚魚は流れと共に流下して降海すると言われる。しかしどの程度の大きさまで川で育ってから海に入るのかは判明していない。海では4cm程度で確認されるので、その大きさになる少し前に降海すると推察される。

【特徴】形態的にはウグイに似るが40〜50cm（ウグイは30cm程度まで）と大きいこと、体側に走る朱色の婚姻色の帯が1本（ウグイは3本）であることで容易に区別できる。よく見れば背中側の色もウグイより黒い。降海する稚魚はウグイに極めて似ているので識別には注意が必要だ。

春、海から産卵のために
遡上したマルタの群れ
(柳瀬川)

産卵場所に群れるマルタ。婚姻色のオレンジ色は頬から尾ビレの付け根まで伸びる

# ニゴイ

*Hemibarbus barbus*
●コイ科ニゴイ属

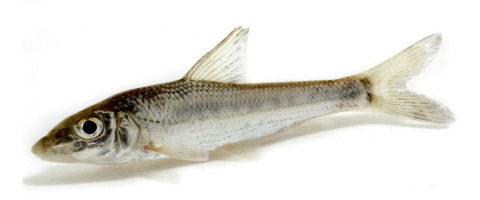

全長：約10cm（幼魚）

【分布】中部地方以北の本州、九州。県内では丘陵地帯から平地にかけての河川中流域から下流域に広く分布する。

【生態】大きな川の中・下流域から汽水域まで生息し、稀に海で獲れることもある。湖にも生息するがコイよりも流れのあるところを好む。川底近くで数匹の群れで行動する。雑食性で底生の小動物、水生昆虫を主体に、ミミズなどや小魚を食べる。産卵期は5〜6月で、流れの緩やかな浅瀬の砂や砂礫底に群れで産卵する。卵は4日ほどでふ化し、1年で15cmに成長し、ほぼ3年で成熟する。最大個体は50cmほど。

【特徴】体は細長く側扁し、頭部は細長い。口は小さく下面にあり、上アゴの後ろに眼径とほぼ同じ長さの一対の口ヒゲがある。幼魚は体側に10個前後の黒色の円い斑があるが成長すると消える。産卵期のオスは全身が黒みがかる。この魚はいくら大物を釣っても小骨が多くあまり喜ばれない。地域によりセイタンボ、サイなどと呼ばれる。晩秋の利根大堰下にはサケが集まって産卵するが、その卵を狙ってニゴイが集まり、それを猛禽のミサゴが捕食する。これを撮りにカメラマンが集まる。現代の生態系が、かいま見られる。

長く伸びた下向きの唇と大きな目がかわいいニゴイの幼魚

雑食性でアユ稚魚やオイカワを追いかけまわして捕食する（利根大堰）

# カマツカ

*Pseudogobio esocinus esocinus*
●コイ科カマツカ属

全長：約15cm

【分布】岩手県、山形県以南の本州、四国、九州。県内では丘陵地帯から平地にかけての河川中流域に広く分布する。
【生態】河川の中・下流域、湖沼の沿岸部の主に砂底または砂礫底の場所にすむ。砂底が少ない河川の場合、砂のある場所とカマツカのいる場所はほぼ一致する。川底に着定して胸ビレを広げて動きながら砂と共に餌を吸い込み、砂だけをエラからはき出す。雑食性でミミズなどの底生動物や川虫、藻類などを食べる。驚くと砂底に潜り身を隠し、目だけを出している。産卵期は5〜6月で、浅く流れの緩やかな砂底

下向きの口は底の砂の中の
エサを吸い込んで食べるの
に適している

愛嬌のある目は左右別々の方向を
見ることができる

で産卵する。卵は7日ほどでふ化する。1年で10cmに成長し、約2年で成熟する。最大で20cm程度になる。

【特徴】体は筒型をして長く、尾ビレに向かうに従い細くなる。目は上の方にあり、口はU字型をして下に伸ばすことができる。口の周りは小突起で覆われており、1対の口ヒゲがある。体側には7〜9個の輪郭の不明瞭な暗斑がほぼ等間隔に並ぶ。地域によりソウゲン、ソウゲンボウ、スナムグリとも呼ばれる。塩焼で食べて美味しいが、減少傾向が明らかで生息密度は低く、川遊びで会うことができれば幸いである。

# ビワヒガイ

*Sarcocheilichthys variegatus microoculus*
● コイ科ヒガイ属

全長：約11cm

【分布】国内外来魚。本来は琵琶湖の固有種。霞ケ浦などで意図的に移植したこともあり、そこからの魚の種苗に混じって埼玉県にも生息するようになったと推定される。意図的に移植された魚としては時期が早いほうだ。
【生態】タモロコやモツゴに似た形態だが、ビワヒガイのほうがずっと大きくなる。常に底近くにいて口を下に向けて何かを探している。個体数があまり多くないので偶然見かける程度で、用水路など流量の安定した水路にいる。二枚貝に卵を産むのでドブガイなどの二枚貝がいないと繁殖できない。
【特徴】背ビレの中心に黒い模様がひとつあり、エラ蓋から尾ビレにかけて太

ビワヒガイのヒガイは漢字で
鰉と書く。明治天皇が好んで
食べたことから作られた漢字
だ。秋のヒガイは焼いて食べ
ると美味

い濃色の縦縞がある。目の瞳の周りが赤くなるのが特徴だ。埼玉県ではビワヒガイのみのようだが、琵琶湖周辺にはアブラヒガイの仲間が3種ほどいる。ビワヒガイは1918年と1948年に琵琶湖から意図的に霞ケ浦に移植され、そこからのコイ稚魚などの放流魚に混じって拡散したものと推測される。なお琵琶湖から輸送されてきたアユ稚魚の中にヒガイが混じっていたのを見たことがある。初冬の頃の20cmほどの大型個体の塩焼きは旨い。もっともなかなかそのような大型個体は少なく、10cm程度の個体が獲れれば良いほうだろう。

# ハス

*Opsariichthys uncirostris uncirostris*
● コイ科ハス属

メス／全長：約20cm

婚姻色が強く現れたオス／全長：約30cm

【分布】国内外来種。本来は琵琶湖と福井県三方五湖の固有種。琵琶湖産アユの放流に伴って広まったと推定される。県下では利根川流域が主な生息域。
【生態】湖などの流れの無い水域や河川の下流域で小魚を捕食して生活し、産卵のために川を遡る。本来の生息地である琵琶湖では5月下旬〜8月上旬に産卵のために群れをなして遡上する。利根川の産卵場は知られていないが、成熟には数年を要するようだ。大型個体はオスでは30cm近くなる。メスは20cm位まで。
【特徴】「へ」の字形の口が特徴で典型的な魚食魚だ。歯が無いコイ科魚類が魚を捕食するために口をこの形に進化したのかと考えさせられる。国内外来種で、1969年の文献には「数年前より利根川水系で見られるようになった」との記述がある。小型のうちはオイカワと似ているが、良く見ると口の形状が異なり、眼つきも鋭いように思える。

## Column 02

# 違いではなく共通点を見い出す
## ハス、オイカワ、カワムツ

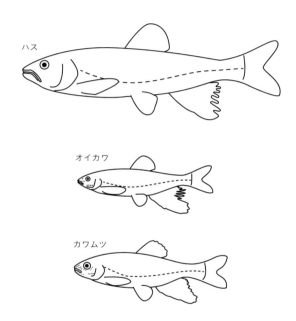

上記の3種はいずれもオスの尻ビレが大きくなるのが特徴だ（ヌマムツも同様）。かつてはオイカワとカワムツが同属で、現在はオイカワとハスが同属となっている。これら3種はウロコが大きく未成熟の時は体が銀白色なことから、小さい個体ほど識別が難しい。産卵期になると、メスはほとんど変化がないのに対し、オスは派手な婚姻色を示し追星が顕著に発達する。産卵習性も似ており、いずれも川の瀬の砂礫底にペアで産卵する。オスの放精の瞬間、長い尻ビレを用いて、メスが産む卵を囲むようにする点でも共通している。卵の色や形もよく似ており区別するのに苦労する。

# ムギツク

*Pungtungia herzi*
●コイ科ムギツク属

全長：約12cm

【分布】国内外来魚。近畿地方より西に本来は分布。琵琶湖産アユの放流に伴って広まったと推定される。県内では荒川中流域の一部に生息するが、利根川、渡良瀬川水系では増えている。
【生態】河川中流域の流れの遅い淵や倒木が沈んでいる場所などに群れる。他の魚に托卵する珍しい習性が知られている。
【特徴】小さなうちは口から尾へと一直線に通る幅のある濃色の縦縞が特徴的で美しく、尾ビレもうっすらとオレンジ色で観賞魚としての価値がある。体の断面はほぼ丸に近い。10cmを越える頃から体は太くズドンとした体形になり、模様も薄れて不明瞭になり、美しさは失われてしまう。

口から尾ビレまで通る黒い縦縞が大きな特徴

# ホンモロコ

*Gnathopogon caerulescens*
●コイ科タモロコ属

全長：約10cm

【分布】自然分布は琵琶湖、淀川水系だが各地に移植されており、県内の湖沼に放流した記録もある。定着していないと思われていたが、神流湖には生息。おそらく流域で琵琶湖産アユを放流した時に持ち込まれたものと推定される。
【生態】ミジンコなどの動物プランクトンを中心に底生動物やユスリカの幼虫などを群れで回遊しながら食べる。産卵期は4〜5月、夕方から夜にかけ岸際の植物に群れで卵を産み付ける。卵は7日ほどでふ化し、1年で7cmほどに成長し成熟する。最大15cmほど。

【特徴】体はタモロコに似るがホンモロコの方が細長く口ヒゲが短い。コイ科の魚で最も美味しいといわれ、県東部地域を中心に養殖されている。素揚げ、素焼きで食べると極めて美味。

コイ科の魚の中では一番美味しいと言われる

# スゴモロコ

*Squalidus chankaensis biwae*
● コイ科スゴモロコ属

全長：約10cm

【分布】国内外来魚。本来は琵琶湖の固有種。琵琶湖産アユなどの放流に伴って各地に広まったと推定される。県内では主に利根川水系に生息している。
【生態】河川よりは用水路や池沼で見られることが多い。口は下向きに付いており、底近くを泳ぎながら、餌を吸い取るようにしている。琵琶湖の魚だが流れにかなり適応する。
【特徴】1977年頃より利根川水系で見られるようになった。琵琶湖原産の国内外来魚としては比較的早くから知られている。初めに個体数が増えたのは利根川の下流側だが、そこから遡って生息地を拡大したと推定される。水温の高い時期に、利根大堰の魚道をたくさんの小さな魚が跳ねている姿はなかなかのもので、アユの遡上の季節でなければスゴモロコのことが多い。最大10cm程度で口ヒゲがある。琵琶湖ではホンモロコの代用品として他のモロコ数種と共に飴炊き（佃煮）などの加工用に用いられ、スゴモロコの名はなかなか出てこない。よく似た種にコウライモロコがあるが関東での確認例はないようだ。

スマートな魚体で頭部も
小さいが目が大きく愛嬌
がある

近年、県内の河川でもよく見
かけるようになってきた

# ムサシトミヨ

*Pungitius sp.*
● トゲウオ科トミヨ属

CR

全長：約4cm

【分布】1960年代までは東京都、埼玉県、群馬県などの湧水に生息していたが、現在は熊谷市の元荒川源流部のみに生息。元荒川はトミヨ属の分布南限域にあたる。とくに源流部の約400mの区間は、生息地のうちでも環境が良好に保全されているため、1984年に熊谷市の、1991年に埼玉県の天然記念物に指定された。

【生態】冷たい湧水があり、水草などが繁茂する水域のみに生息する。かつて県内にあった他の生息地は、湧水の枯渇によって冷水が維持できずに消滅した。元荒川は地下水を水源とすることから、水温が一定である。このため産卵は1年を通してみられるが、とくに5〜8月に多い。オスが水草で鳥のように巣を作り、その巣にメスが訪れて産卵し、その後はオスが卵を守る。ひとつの巣あたり平均150粒ほどの卵が産みつけられ、水温13℃の場合、約2週間でふ化する。ふ化した稚魚は、ソコ

埼玉県の天然記念物に指定されている
（撮影：さいたま水族館）

ミジンコや水生昆虫を餌として成長し、約1年で成魚となる。水草の中に隠れていることが多い。
【特徴】大きさは3～6cm程度で、背中に8～9本の小さいトゲがある。また、尾柄部に数枚の鱗板（大きなウロコ）がある。元荒川では、ムサシトミヨ保護センターで人為的にくみ上げた冷たい地下水を継続して流しており、この冷水の範囲が生息地となっている。埼玉県の魚(1991年)、熊谷市の魚(2011年)に選定され、さらに埼玉県希少種野生動植物の種の保護に関する条例で県内希少野生動植物種に指定されている。元荒川はトミヨ属の世界的分布南限のひとつで、本州太平洋側でのトミヨ属の生息地は青森県十和田市までなく、隔絶された生息地である。分類学的な議論があるものの、生息地の保全は一刻の猶予もない。絶滅を防ぐため分散飼育ばかりでなく生息地の複数化を急がなければならない。

# ニホンウナギ

*Anguilla japonica*
●ウナギ科ウナギ属

EN

全長：約40cm

【分布】国外では台湾、フィリピン、中国、韓国。日本では沖縄から九州、四国、本州。暖かい黒潮に乗って稚魚が回遊するため、本州の日本海側は少ない。

【生態】海で生まれ、川で育ち、再び海に降りる回遊魚。柳の葉のような形状をした幼生（レプトセファルス）は黒潮に乗って南の海域から回遊してくる。変態してシラスウナギとなって沿岸や河口にたどりつく。これを採取して1～2年魚肉などを与えて養殖したのが、食品として流通するウナギだ。野生状態では小さなウナギ（クロコ）となって河川を遡上しながら成長する。関東地方の相模湾の流入河川ではシラスウナギ漁が行なわれるが、荒川が注ぐ東京湾の遡上数はそれほど多くない。河川の下流から上流まで広く見られるが最も多いのは中流域で、かつては色々な方法で漁獲されていた。ミミズや小魚などを餌として3～10年を河川内で生活

鼻孔がヒゲのように伸びた顔は愛嬌がある

ヌルヌルした魚体でつかみにくいが、格子模様はウロコである

岩の隙間などに潜んで目の前を通過するエビや小魚がくると素早く捕食する

し、大きく成長したものは夏から秋にウナギとなって降下して海に向かう。メスはオスよりかなり大きくなる。
【特徴】長い姿は川の魚としては独特なものである。河川では石垣の隙間などをすみかとしている。俗に「ウナギの寝床」と呼ばれるようにウナギは体の大きさに合った穴にすみ、夜間や水の濁った時に活動する。現在でも少数の遡上があるが、夜行性で昼間はなかなか状況がつかめない。河川のウナギの調査は最近になって始められ、今後色々な成果が出てくるものと思われる。産卵場をめぐる調査研究も進み、マリアナ海溝など南の深海で産卵していることが判明しつつある。なお養殖ウナギはほとんどがオスになることが知られている。

生まれて間もないウナギ（レプトセファルス）は薄く透明な幼生で柳の葉の形状をしている

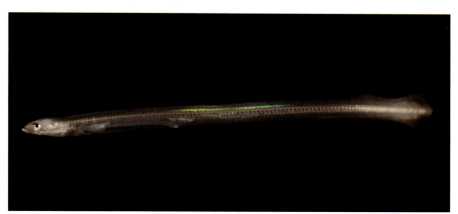

体長5〜7cmほどの透明なウナギの稚魚はシラスウナギと呼ばれる

10cm以上になり次第に色素が現れ黒くなったものをクロコという

# ヨシノボリ類

*Rhinogobius spp.*
● ハゼ科ヨシノボリ属

全長：約10cm

【分布】九州から北海道までの河川中流域に分布。埼玉県下でも同様の水域に見られ、溜め池などには小型化した系統が生息する。

【生態】河川中流域では流速のある瀬にカジカと共にいる。成魚は6〜8cm程度になるが、溜め池などではもっと小さく3〜4cmで成熟するものがいる。いずれも動物性のものを餌としている。腹ビレが変化した吸盤が発達しており、水槽内ではガラス面に吸盤を利用して垂直に張りついていることが多い。

【特徴】最近は県内に少なくとも3種のヨシノボリ類がいることが明らかになりつつある。在来種とされるのがクロダハゼ、琵琶湖からの魚に混じって入ったと推定されているのがオウミヨシノボリ、どのように入ったかはっきりしないカワヨシノボリの3種だ。溜め池にはクロダハゼ、オウミヨシノボリが生息している。さらにこれらの雑種もいるとのことなので状況は複雑だ。現在、日本産のヨシノボリ属は数多くの種に分かれているが、名称や分類をめぐって意見が分かれている。とくにトウヨシノボリと称されていた種は難しい。この項ではまとめてヨシノボリ類として紹介する。ヨシノボリの仲間はまだ分類上の議論が続きそうで、決着には時間が必要なようだ。

底石が点在し、比較的流れの速い中・上流域を好んで生息している

小魚を捕食し呑み込んだ

65

中流

66

体中のヒレを目いっぱい広げ、口を大きく開けて威嚇し合うオスのヨシノボリ（カワヨシノボリ）

67

# ウキゴリ

*Gymnogobius urotaenia*
● ハゼ科ウキゴリ属

全長：約20cm

【分布】近畿地方から北海道までの河川中流域から下流域に分布する。埼玉県下でも同様の水域に見られる。
【生態】県下の河川中流域より下流の流速が極めて遅い場所、ほとんど流れのない場所に広く生息し、礫や空き缶、植物などの影に見られる。水深の浅い場所に多いようだが、生息密度が高いことはほとんどなく、散発的に見られることが多い。水質はそれほどきれいでなくても生息できるようだ。食性は動物性のものが主体で水生昆虫やイトミミズなどの小動物を食べている。身体の割に口が大きく小魚も捕食する。
【特徴】最大で12cm程度のハゼだが大きくなるほど頭が扁平な独特の形状になる。体は淡い色で模様があり、第1背ビレの後ろ側に小さな黒い斑点がある。腹部は大型個体ほど黄色く、成熟個体は腹部が鮮やかな黄色になる。夏から秋にかけて見られる3〜4cm程度の小型魚は、流速の弱い場所で中層に浮いている。それがウキゴリと称される理由と思われる。この浮いている時期の後に底生生活を始める。県東部にスミウキゴリが生息する可能性がある。

第1背ビレの後端に黒いシミのような斑点がある

スミウキゴリは体側にある横縞がウキゴリよりくっきりと見える

# ムサシノジュズカケハゼ

*Gymnogobius sp.1*
●ハゼ科ウキゴリ属

全長：約6cm

【分布】本種の分布は本州の主に関東地方。ジュズカケハゼの仲間は他の地域に広く分布する。

【生態】県下の河川中流域の砂泥が堆積する場所に広く生息。それほどきれいな水でなくても生息できるようで、近年は増えているように思われる。最大でも6cm程度の小型のハゼで、活動はあまり活発ではないので網さえあれば採取は容易である。稚魚は4月になると1cm程度、6月には2cm程度になり、親世代と一緒に見ることができる。ハゼ科なので腹ビレは吸盤状になっている。ほとんど動物性のものを餌としているようだ。

【特徴】珍しいことにメスに婚姻色が現れ、背ビレが黒くなり、体側は黄色が強くなる。繁殖期は1〜2月頃の寒い時期で、湧水のある底質が砂泥の場所に集まってくる。確認がとれていないが、その場所に穴を掘り、そこで産卵した卵をオスが守ると推定される。

産卵期、メスに婚姻色が出て背ビレや胸ビレ、尻ビレなどが黒くなり黄色い横縞が現れる

吸盤化した腹ビレを使って背伸びをするように体を持ち上げる

# スナヤツメ

*Lethenteron spp.*

● ヤツメウナギ科カワヤツメ属

EN

全長：約20cm

【分布】九州の一部、四国、本州、北海道。県下ではなぜか荒川本流では見られず、利根川流域と入間川流域に分かれて生息している。

【生態】県下の河川中流域のきれいな砂が堆積する場所に生息。幼生の期間は数年間で主に砂の中の有機物を食べると言われる。成体は産卵期前の冬から初夏までに限って見られる。目の後ろにエラ穴が7つ並んでおり、目が8つあるように見えるので「ヤツメウナギ」とも呼ばれる。オスとメスで形態が異なり、オスは交接器を持っている。早春の繁殖期には砂礫底の湧水のある場所で数匹が絡みつくようにしている姿を見ることがある。

【特徴】幼生は外見上目が無く、ドジョウのような形態でアンモシーテスと呼ばれる。下アゴの骨が無い円口類で、分類上は魚類ではない。南方種と北方種に分けられるが、形態的な区別は難しいとされる。最大15cm程度で、カワヤツメと異なり他の魚類に寄生はしない。県下では個体数が少なく、成体の出現時期と河川工事の時期が重なり、産卵親魚の減少に拍車をかけている。

小砂利底の産卵場所に到達した
スナヤツメ

砂底の中に身をひそめたまま
有機物などをエサに生きるア
ンモシーテス幼生。目はない

スナヤツメの口。上唇が
頭巾状に発達している

73

# サケ（シロサケ）

*Oncorhynchus keta*
● サケ科サケ属

全長：約70cm

【分布】国外ではベーリング海から日本海まで。回遊魚で本州の太平洋側河川としては利根川が最も南の遡上河川。
【生態】利根川では3月頃、6～8cmに育ったサケ稚魚が降海していくことが知られている。銚子から海に出て沿海で小型のエビや小魚を餌として10cmに育ったサケ稚魚は、北上回遊して夏までに北海道のオホーツク沿岸まで行き、さらに北の海域へと回遊する。そして、2～6年後に大きく成長して千島列島から北海道沿いに南下しながら生まれた河川へと戻り、自らの生まれた河川（母川回帰）で産卵後に全てが死亡する。
【特徴】大きさは50～90cm、多くの個体は60～80cm程度で、大きなものは体重が6kgにもなる。漁業資源としても重要で、北洋から日本沿岸に回帰したサケは定置網などで漁獲され、アキアジと呼ばれて切り身、あるいは塩分を加えたものが新巻サケとして販売される。卵はイクラとして正月には欠かせない食品である。河川に遡上したサケは全て採取が禁止されている。利根川

ふ化直前のサケの卵、目がはっきりと確認できる

ふ化後数日のサケ稚魚、腹部に残る臍嚢（さいのう）から栄養を吸収して育つ

海に向かうサケ稚魚たち、2～6年の長い旅が始まる

尾ビレを使って産卵床を掘るメスのサケ

のサケは高度経済成長の時代に河川の汚染がひどくなり、利根大堰ができた頃より遡上が確認できない状態が続いた。昭和50年代後半より埼玉県と群馬県が15年間稚魚放流を続けたものの結果は出ず、その後は群馬県のみが続け、以降は遡上数が増えてきた。産卵場は利根大堰直下が知られているが、大堰上流へ向かう個体が数えられており、深谷、本庄、上里などでも産卵場が毎年のように確認されている。荒川にサケが遡上しないのは河口の位置と関係がある。利根川河口の銚子の近くまで寒流が到達するのに対し、荒川の河口は房総半島より南の東京湾にあり、寒流に生息するサケを回帰させるには無理がある。

産卵の瞬間、口を大きく開き魚体を震わせる。手前がオス、奥がメス

産卵場所では産卵相手をめぐって激しいバトルが展開される

77

# アユ

*Plecoglossus altivelis altivelis*
●アユ科アユ属

全長：約20cm

【分布】日本列島（北海道西部、本州、四国、九州）、朝鮮半島および中国大陸東部に生息する。沖縄（奄美）にはリュウキュウアユが生息する。

【生態】本種には、海と川を行き来する両側回遊型と、一生淡水域に生息する陸封型がある。秋に河川中流域の小礫の場所で産卵し、卵は水温15～20℃の場合、2週間程度でふ化する。ふ化した仔魚は流れに乗って海まで流下し、春まで沿岸域で動物プランクトンを餌として成長する。春になると6～8cmの稚アユは河川遡上を始め、河川の中・上流域まで遡上してくる。この頃までは昆虫を餌としているが、以降は歯の形状も変わってくる。夏の間は1㎡程度の縄張りをもち、石の表面の付着藻類（俗にコケと呼ぶ）を食べて成長する。縄張りを持てず群れで行動するアユは成長が悪い。この夏の間の成長途中のアユが釣りの対象となる。秋になり水温が20℃を下回ると、中流域に降下して産卵する。アユの河川への遡上量は、冬季の海水温、秋の降水量などによって変動するといわれる。陸封型のアユは湖を海の代わりに活用するため、琵琶湖に生息するほか、神川町の神流湖でも見られる。

餌となる苔のつく石を縄張りにするアユは侵入者を追い払う

【特徴】アユは姿、食味、いずれも秀でており、河川漁業の最重要種として中流域では欠かすことのできぬ存在である。釣りのできる季節は6月の解禁日から9月の秋風が吹くまでの、長くて3ヶ月であり、縄張りをつくる性質を利用して「友釣り」が行われる。漁期は短く、アユも日々成長していくので、川の状態やアユの変化を知らなければ得られる物は少ない。寿命は通常1年で大きな個体は27～28cmだが、まれに尺アユ（30cm）になる。最近は多くの川で漁協が稚アユの放流を行い、生育状況を確かめながら解禁している。

晩秋、産卵時期のアユは落ちアユともいわれ婚姻色で黒ずんだ魚体になる

海から遡上した若アユたちは途中にある堰などもジャンプして乗り越え上流に向かう

## Column 03
# 増えすぎたカワウへの対策

アユを捕えたカワウ

カワウは魚食性で、体長80〜85cm、体重1.5〜2.5kgにもなる大型の水鳥である。カワウは優れた潜水能力をもち、潜水スピードは最大毎秒4.7mといわれる（アユは最大毎秒約2m）。この高い潜水能力で、川に潜って魚を捕食する。1羽で1日500gの魚を必要とするので、仮に1,000羽のカワウが年間200日間魚を食べた場合、1年で約100トンもの魚が減ってしまう。

カワウは1970年代に絶滅が危ぶまれるほど減少したが、現在は魚類資源に打撃を与えるほど個体数が回復した。さらに、河川環境の変化により、魚がカワウに追われたときに身を隠すような大きな石などが川の中に減少したことも魚類資源減少に影響していると考えられている。カワウによる魚類資源の被害が甚大であるため、生息数を人為的に抑制する取り組みが行われている。また、河川の漁業協同組合は、カワウに追われた魚の避難場所として、笹の枝を組んだ「笹伏せ」を川の中に作って魚類資源を保護している。

野生生物の生活には、人の手が加わらないことが望ましい。しかし、自然環境が人間活動の影響を少なからず受けている現代は、人間が管理を行って、野生生物の保全を図ることが必要である。

下流域の魚

荒川下流の新荒川大橋付近

# ヌマチチブ・チチブ

*Tridentiger brevispinis, Tridentiger obscurus*
● ハゼ科チチブ属

ヌマチチブ／全長：約10cm

【分布】北海道から九州までの河川中流域から下流域。ヌマチチブの一部は貯水池などに分布する。
【生態】ダボとかダボハゼと呼ばれる。県下河川の中流域より下流の流速が極めて遅い、あるいはほとんど流れのない場所で、しかも堆積物があまりない硬い岩盤の場所などに広く生息する。コンクリートの護岸でも腹ビレの吸盤を使って張りついている。水質もそれほどきれいでなくても生息できるらしく、近年は増えているようだ。稚魚は春5〜6月になると出現し、7月には2cm程度に、8月には3cmと大きくなり、

チチブ

胸ビレ基底部の黄色斑のなかに不規則なオレンジ色の線があるヌマチチブ

胸ビレ基底部の黄色斑の中に模様がないチチブ

冬には5～6cmになる。小型魚の間は群れているが、しだいに単独生活をするようになる。餌は動物質で、エビ、ザリガニの子供、小魚などを食べる。水槽で飼育する場合、注意しないと同居の魚が食べられることもある。

【特徴】ハゼ科なので腹ビレは吸盤状になっている。最大で15cmほどだが寸胴で体も尾柄も太く、ヨシノボリより大きく見える。溜め池などには小型で成熟するものもいる。体色は茶色で顔の前面から側面にかけて小さな白く丸い斑点が多数散在する。胸ビレの後ろから尾ビレの間に数条の淡い線がある。胸ビレの付け根にはヒレ幅いっぱいに明瞭な黄褐色の帯が存在する。オスの成熟個体は第1背ビレの先端が糸状に伸長し、顔の丸い白斑が青くなり、胸ビレの付け根の帯模様も橙色に鮮やかになる。チチブはもっぱら汽水域におり、ハゼ釣りの外道として知られる。

腹ビレは吸盤に進化している

# コイ

*Cyprinus carpio*
●コイ科コイ属

全長：約30cm

【分布】日本全国。県内では山間地域の渓流を除き、湖沼を含めたほぼ全域に分布。野生種と推定される野ゴイ型は関東地方より西で確認されている。

【生態】河川の中・下流域で流れの緩やかな淵や杭のある深場に多い。池沼では主に中・下層にすむ。都市部の河川でも群れで泳ぐのをよく見かける。産卵期は4〜5月で同じ水域のフナより遅い。大雨などで水位が上昇した早朝に行われることが多く、ヨシやマコモなど岸際の植物や浮遊物に卵を産みつける。卵は5日ほどでふ化し、1年で15cm程度に育ち、通常2年で30〜40cmに生育し食用に供される。さらに数年かけて60〜80cmにまで成長する。雑食性で、泥中の貝類や昆虫類の幼虫、小魚、水草など色々な物を食べる。

【特徴】体は細長く少し側扁する。口はやや下を向き、唇は下へ伸ばすことができる。2対の口ヒゲがあるのでフナとの見分けは容易。釣りの対象魚として各地に放流されており、野ゴイ型と養殖された系統のヤマトゴイ型がある。野ゴイ型は体高が低く円筒形で体色は青黒い。養殖魚は体高が高く体色は金色を帯びた緑褐色をしている。飼育品種として色々な色彩の錦ゴイがいる。

2対の口ヒゲがあり、フナとの識別は容易

口を伸ばし水底のエサを吸い込む

写真は飼育型の体高のある個体。野ゴイ型のコイは体高が低く細長い

# キンブナ

*Carassius buergeri* subsp. 2
●コイ科フナ属

NT

全長：約5cm
背ビレ条数※：11～14

【分布】キンブナは主に東日本に分布。ギンブナは全国に生息する。いずれも県内の止水域や下流河川、丘陵の溜め池などに広く見られ、身近な存在だ。
【生態】キンブナは体高が低く、丸く太くてあまり大きくならず15cmあれば大きいほうだ。かつては普通にみられたが最近は稀な存在で探してもなかなか見つからない。気付かないうちに地域的に絶滅している可能性もある極めて地味な魚だ。ギンブナは背部はくすんだ褐色で幾分緑色を帯び体側は銀色である。最大25cm程度になる。大型個体は銀色部分の褐色が強くなってくる。いずれも春先の暖かい日の水温が上がった頃に、枯れた植物などが多く浮いている場所で産卵する。
【特徴】キンブナはオス・メスほぼ同数で、10cmに育つのに2～3年を要する。唱歌「故郷（ふるさと）」で「子鮒釣りし」と歌われたのはキンブナだろう。ギンブナは関東のものではほとんどオスがおらず、ほかの魚の精子で発生するといわれている。成長はキンブナより早く、生まれた年の秋には10cmほどになる。両種ともヘラブナの放流される場所では反比例するように減っているのではと推測される。ヘラブナとの交配で生まれたと思われる半ベラと呼ばれる中間的な個体が少なからず存在する。

※条数：ヒレにある硬いスジを「条」といい、その本数のこと

# ギンブナ

*Carassius sp.*
●コイ科フナ属

全長：約10cm
背ビレ条数※：15〜18

コイの稚魚と似るがヒゲがない

# ゲンゴロウブナ

*Carassius cuvieri*
●コイ科フナ属

全長：約20cm

【分布】国内外来魚。本来は琵琶湖の固有種。釣りの対象魚としての放流と移植により広まった。
【生態】春に産卵期があり、枯れた植物が溜まった水深の浅い場所で枯れ草などに産卵する。その産卵行動全体をノッコミと言う。秋に8〜15cm、翌年に15〜25cmに育つ。植物プランクトンを主な餌とし、ゆっくりと水面近くを回遊しながら餌を食べている。生まれた年の秋には10cm程度に成長している。
【特徴】琵琶湖の沖合を回遊する大型のフナで40cm、2kg以上になる。このフナを養殖して釣り堀用に改良されたものがヘラブナで、琵琶湖で野生に生活

県内にはヘラブナの釣り堀が数多く点在し、釣りの対象魚として人気が高い

するものとはなにかが違う。大阪府でよく飼われていたのでカワチブナとも呼ばれる。規模の大きな釣り堀や湖では、トン単位で購入して池に放し、20〜30cmのヘラブナを釣りの対象としている。生育条件が良い場所には40cmを越える個体もいる。他のフナと交雑してヘラブナの形態が変化したものを半ベラと呼ぶ。神流湖では毎年のようにヘラブナが多く釣り目的で放流されているが、稚魚は見られず放された魚は釣りのために利用されるだけとなっている。釣りのためだけに多くの魚を放すことも、考えねばならない時が来ている。

## Column 04

# 利根川の四大家魚
## ソウギョ、ハクレン、コクレン、アオウオ

ソウギョ　　ハクレン

コクレン　　アオウオ

上記の4種はいずれもアジア大陸東部の大河川が原産地で全長1m、体重30kg以上にもなる大きな魚である。日本へは明治から昭和30年頃までに10回以上にわたって持ち込まれた。最も知られているのは戦時中の1941年〜44年頃、食糧増産目的で中国から300万尾以上が国策として移植され、全国27都府県に配布されたことである。
1947年〜50年になって利根川水系のみでソウギョ、ハクレン、コクレン、アオウオの4種が繁殖しているのが明らかとなった。個体数としてはハクレンが最も多く、次いでソウギョであり、コクレン、アオウオは少数である。4種とも卵が流れ下りながらふ化する「流下卵」なので、短い河川では卵が海に流出して死滅する。このため日本の河川では流程の長い利根川水系のみが繁殖条件を備えていた。繁殖場所は利根川中流域で利根大堰完成後はそれより下流側へと移っている。
主要な餌は、ソウギョが草類、ハクレンが植物プランクトン、コクレンが動物プランクトン、アオウオが貝類や底生動物となっていて、それぞれ異なる。このため餌の競合が起こらないことから、中国では伝統的に4種を混合して養殖しており「四大家魚」と呼ばれる。

# ソウギョ

*Ctenopharyngodon idellus*
●コイ科ソウギョ属

全長：約70cm

【分布】原産地はアジア大陸東部。中国の黒竜江流域からベトナム北部まで。
【生態】水草、陸草を大量に食べ、3～4年で5kgほどになる。全長1.5mに成長するものもいる。利根川における産卵期は6～7月で、国内の自然産卵場は利根川のみである。
【特徴】除草に利用するため、国内各地に導入されている。農業用溜め池などへ数を限って入れることにより、効果的な除草に用いるのが最も良い利用法である。広い自然水域に放つことは寿命が長く大型になることから、思わぬ被害をもたらすことになる。日本の生態系に被害を及ぼす恐れがあるとして、生態系被害防止外来種リストにおいて「その他の総合対策外来種」に指定されている。

草魚の名の通り水生植物を主な餌としている

95

# ハクレン

*Hypophthalmichthys molitrix*
●コイ科ハクレン属

久喜市栗橋付近の利根川で産卵のために
遡上したハクレンの集団ジャンプ

全長：約100cm

【分布】原産地はアジア大陸東部。中国の黒竜江流域からベトナム北部まで。

【生態】主要な餌は植物プランクトンである。産卵期には、霞ケ浦など下流域に生息していたハクレンが、久喜市栗橋付近まで遡上してくるとされる。産卵のために集まった1mを超える大型のハクレンは、物音などがすると水面から飛び跳ねることがある。産卵は水温が18℃以上となる6〜7月頃、降雨後で河川水が泥濁りとなった状態のときに始まる。卵が流れる時間は、10〜12時間と長時間にわたり、最盛時には1分間に500万粒以上の卵が流下する。現在の利根川における産卵では、中国四大家魚のうち、ハクレンが98％以上と最も多い。

【特徴】体高が高く、側扁しており、頭部が大きい。目は体側中央よりも下にある。中国では、水産資源として活用されているが、日本では「その他の総合対策外来種」に指定されている。

# コクレン

*Aristichthys nobilis*
● コイ科コクレン属

全長：約35cm

【分布】原産地はアジア大陸東部。日本以外にもインドネシア、タイ、ラオス、中央アジア、ロシア、中東、ヨーロッパなどに移入されている。
【生態】外形はハクレンに似るが、主な餌は動物プランクトンで、成長すると1.5mに達する個体もいる。産卵生態はハクレンなどと同様であり、利根川では6～7月に観察されることが多い。しかし、利根川におけるコクレンの生息数は、ハクレンやソウギョなどと比べて非常に少ない。ソウギョと食性が異なり、動物プランクトンや浮遊動植物を食べるので被害の報告はない。
【特徴】形態はハクレンとよく似ているが、腹部のキール（隆起した線）の形状が異なる。体色がハクレンよりもやや黒みを帯び、体側には暗色の不規則な斑紋が散在する。稀な存在なのでよく似たハクレンを注視しないとその存在に気付かないことがある。「その他の総合対策外来種」に指定されている。

# アオウオ

*Mylopharyngodon piceus*
●コイ科アオウオ属

全長：約80cm

【分布】原産地はアジア大陸東部。中国の黒竜江流域からベトナム北部まで。

【生態】中国四大家魚の一種。稚魚期は動物プランクトンや底生動物などを、成魚になると貝類を食べ、1.5m前後まで成長するものもいる。産卵はハクレンなどと同様に、水温が18℃以上である6〜7月頃、降雨後に河川が増水した際に観察される。利根川において中国四大家魚の自然繁殖が観察されるようになった頃は、流下卵を採取してきてふ化させると、一定数のアオウオを得ることができた。しかし、近年の流下卵中に占めるアオウオの割合は1%に満たない。

【特徴】体色は藍色で、体は細く、やや側扁している。口ヒゲはない。釣りの対象魚としても知られており、生息数が少ないことから釣り人の間では「幻の巨大魚」と呼ばれる。「その他の総合対策外来種」に指定されている。

鎧のような固いウロコでおおわれている

# チョウセンブナ

*Macropodus ocellatus*
●ゴクラクギョ科ゴクラクギョ属

全長：約4cm

【分布】外来種。本来の生息範囲は中国大陸から朝鮮半島西側で、1914年頃に朝鮮半島から移入された。関東平野や濃尾平野、岡山などで繁殖していたが現在は新潟や長野、岡山の一部でのみ繁殖が確認されている。県内では水路が改修されほとんど姿を見なくなった。
【生態】平野部の用水路や池などの流れのない場所に生息。フナなどと同様にミジンコ、ミミズなどの小動物を餌とする。卵はオスが口から泡を出して作った泡巣に産み、これをオスが守る習性がある。他の魚が近づくと激しく攻撃することから闘魚の別名がある。

【特徴】エラ蓋の縁に沿って青色斑がある。産卵期のオスは背ビレや尾ビレが著しく伸びて婚姻色で美しい青色になる。独特の呼吸器官を持つので溶存酸素が少なくても耐えることができる。

頬に鮮やかな青色斑があるのが特徴

# オオクチバス

*Micropterus salmoides*
●サンフィッシュ科オオクチバス属

全長：約25cm

【分布】外来種。自然分布は北アメリカで、日本には1925年に釣りや食用の目的で芦ノ湖に移植された。60年代から密放流によって拡大し、2001年に全都道府県に広がった。埼玉県では、秩父地域のダム湖、平地の溜め池や沼、河川の中・下流域などに広く見られる。

【生態】本種の主な餌は、魚類やエビ類であるが、水生昆虫や陸生昆虫なども捕食する。産卵期は、水温が16〜20℃程度になる春から初夏。産卵は主に水深1〜2m前後の水底で、オスが尾ビレで造成した直径30〜40cmのすり鉢状の産卵床で行われる。卵は水温21℃の場合3日程度でふ化し、その後数日間産卵床内で卵黄を吸収して成長した後、浮上して泳ぎだす。オス親は稚魚が泳ぎだすまで保護する。体長が3cmを超えると魚食性を示し、大きなものは50cm、3kg以上となる。

【特徴】オオクチバスの成魚は、その名の通りコクチバスよりも口が大きく、アゴの後端は、眼球の後端直下よりも後方となる。止水域に生息し、温水魚なので冬は活発でない。魚や水生動物を多く食べる事から、日本の生態系や水産業に被害を及ぼすとして特定外来生物に指定され、駆除が必要である。

エビ類、ワカサギやモツゴ、ヨシノボリ、タナゴ類などを捕食するため在来種の生態系に大きな影響を及ぼしている

ルアーフィッシングのターゲットとして人気が高いが特定外来生物に指定されている

101

# コクチバス

*Micropterus dolomieu dolomieu*
● サンフィッシュ科オオクチバス属

全長：約25cm

【分布】自然分布は北アメリカで、日本には1990年代に定着した。移植を誰が行ったか明らかでない。埼玉県では、寄居から下流の荒川や、入間川に多い。
【生態】近縁種であるオオクチバスよりも、冷たい水や流れのある水域でも生息し、冬でも活動する。このため、オオクチバスによる被害を受けることが少なかったカジカやアユも食害を受けている。体長30cmほどのコクチバスは、1年間に千数百尾もの小魚を食べる。コクチバスの産卵は、水温が16℃程度となるころから始まり、一つの産卵床に平均約2,000粒が産みつけられる。オオクチバスと同様に、オス親は稚魚が泳ぎだすまで保護を行う。コクチバスは約3cmになると魚食性を示すようになり、50cm程度まで成長する。
【特徴】オオクチバスに比べ口がやや小さい。また、体色はオオクチバスが青緑色であるのに対し、コクチバスは黄褐色である。本種は日本の生態系や水産業に被害を及ぼすとして特定外来生物に指定され、駆除が必要である。生態系被害防止外来種リストの「その他の総合対策外来種」に指定されている。

# ブルーギル

*Lepomis macrochirus macrochirus*
● サンフィッシュ科ブルーギル属

全長：約10cm

【分布】自然分布は北アメリカ東部。日本には1960年に食用魚として導入された。国（水産庁）が分与したこともあり、現在ではほぼ全国に分布する。

【生態】流れのない水域を好み、主に湖沼や溜め池などに生息する。雑食性で昆虫類、魚類、貝類、動物プランクトンなど動く物に強い関心を示す。水草や藻類を食べる個体もいる。産卵期は水温が20℃を超える頃からで、オスが造成したすり鉢状の巣で産卵が行われ、複数の産卵床が集まることがある。一般に全長25cm程度まで成長する。

【特徴】体は側扁しており、体高が高い。ブルーギル（Bluegill）という名称は、エラ蓋（エラは英語でgill）の後端に青色の部分があることに由来する。特定外来生物に指定されている。

エラ蓋は美しいブルーで名の由来でもある

103

# ツチフキ

*Abbottina rivularis*
●コイ科ツチフキ属

全長：約8cm

【分布】国内外来魚。本来は中部地方より西に分布し、琵琶湖には生息しなかったようだ。関西からヘラブナなどの移植に混じって関東にもたらされたらしい。移植の記録は不明。現在は関東地方の河川下流部に広く生息。

【生態】河川の中・下流域や用水路に広く見られる国内外来種の小型の底生魚。小動物、ユスリカ、イトミミズなどを餌としている。1年で5〜6cm、2年目で7〜8cmになり、最も大きい個体でも10cmに満たない。オスのほうが幾分大きい。常に水底におり、時には潜ることがあるようだ。

【特徴】形態や生活が似ているカマツカよりは泥の多い場所にいる。胸ビレが左右に開いており、川底に着底すると安定が良い体のつくりになっている。鼻先は目よりも突き出た形で、顔に段差がある独特な顔つきだ。また、目から口先に向かって黒い帯状の模様があり、体側には黒く丸い斑紋が7〜8個ある。オスの背ビレが大きくなる特徴がある。婚姻色は特に顕著なものは知られていない。思いのほか美味しいとの話を聞く。

カマツカに似るが口が短く、目から口にかけて黒い帯がある

タナゴなどが生息する泥底の緩やかな流れにいる。オスの背ビレは大きい

# タモロコ

*Gnathopogon elongatus elongatus*
● コイ科タモロコ属

全長：約6cm

【分布】国内外来魚。本来は中部地方より西に分布。移植により広まった。本来の生息地である琵琶湖では近年ほとんど見られない。

【生態】河川の中・下流域に広く生息する。春に産卵し、1年で6〜8cm、2年目で8〜10cmとなり、最も大きい個体でも12cm程度である。少し太めの体形ながら、思いのほか流速のある場所にもいて、上から見るとタナゴ類に似ている。雑多な物を食べ、関東地方では良く適応して個体数も比較的多い。

【特徴】口ヒゲがある。モツゴよりも体が少し太く、大型個体は寸胴の印象を受ける。関東地方では広く生息しているので在来種と思われることが多いが、意図的に移入された国内外来魚である。記録によると東京都が1939年から1950年の間に滋賀県のものを多摩川や中川に放流したのが起源と推定され、普通種と言ってよいほど広く生息する。県が養殖して売り出し中のホンモロコは琵琶湖産の固有種だが、本種とよく似ており類縁も近い。本種は、魚を捕食する外来種の多い琵琶湖では、減少してほとんどいなくなっている。

県内のほとんどの河川に生息
し、簡単な仕掛けで初心者に
も釣れる親しみやすい魚だ

モツゴと一緒に雑魚として扱
われることが多いがタモロコ
にはヒゲがある

# ワタカ

*Ischikauia steenackeri*
● コイ科ワタカ属

全長：約20cm

【分布】国内外来魚。本来は琵琶湖の固有種。琵琶湖産アユの放流に伴って広まったと推定される。利根川の下流域に広く見られ、茨城県内の湖沼にもいる。神流湖にも生息している。

【生態】河川下流域と池沼などの止水域の一部にいる。雑食性ではあるが、大型になるほど植物食性が強くなり、水草の新芽などを良く食べることが知られている。小型魚は水深が浅く水草などの繁茂した場所に多い。場所によっては水田にまで侵入することがある。30cm程度の大きさにまでなる。

【特徴】体幅が薄く、尻ビレの条数が多い。口は上向きで側線が下に湾曲する。肛門の前方の腹面にキール（隆起した線）があるなど、他の日本産のコイ科魚類にはない形態がいくつもある特徴的な魚。ウロコが極めて剥がれやすい。中国大陸には近縁の種がいる。県内で生息が確認された最も古い記録は1969年である。本来は琵琶湖原産で生息地は限られる。ハスなどと同様に琵琶湖産アユの種苗に混じって移植されたようだ。小骨が多いので食べ方にはひと工夫が必要である。

琵琶湖や淀川水系のみに生息していたがアユの放流に混じって関東にも持ち込まれた

小さな頭部に大きな目が愛くるしい

109

# ナマズ

*Silurus asotus*
●ナマズ科ナマズ属

全長：約25cm

【分布】北海道から九州。県内では丘陵地帯から平地にかけての中・下流域。秩父の荒川にもいる。関東地方の個体は移入されたものと推定される。

【生態】流れの穏やかな河川や水路、池沼などにすむ。夜行性で昼間は護岸の裂け目や障害物の中に潜んでいる。肉食性で魚、カエル、ザリガニなど口に入る生き物なら何でも食べる。産卵期は5〜6月にかけて、池沼の流入河川や水路、田んぼの小溝に入って産卵する。卵は緑色で弱い粘着性を持ったゼリー状の膜に覆われており、2日ほどでふ化し、すぐにミジンコなどの小動物を食べるようになる。3cmぐらいまでの稚魚は黒く、オタマジャクシにヒゲが生えたようである。1年で15〜25cmほどに成長し、2年で30〜40cmになり成熟する。メスは成長が早く大型になり、40cm以上のナマズはほとんどがメスで最大65cmほどになる。夜行性だが濁水の時も活発に活動する。

【特徴】大きな頭と大きな口を持つ。下アゴが長く、上下のアゴに1対の長いヒゲがある。背ビレは小さく、尾部までつながる長い尻ビレがある。体表は粘液でぬるぬるしており、ウロコはない。暗褐色の不規則な斑紋に覆われて

近年はゲームフィッシングの
対象魚としても人気が高い

いる。目は極めて小さい。釣りの対象魚で、夜活動するのでナイター釣りが楽しめる。一方でアユの捕食者としてアユ釣りの人たちからは嫌われている。味噌を混ぜたすり身を油で揚げて食べると美味しい。天ぷらやフライも可。

上アゴと下アゴにそれぞれ
1対のヒゲをもつ。下アゴ
が上アゴより突出している
顔はユーモラスだ

幼魚

111

# チャネルキャットフィッシュ（アメリカナマズ）

*Ictalurus punctatus*
- イクタルルス科イクタルルス属

全長：約40cm

【分布】自然分布はカナダ南部、米国、メキシコ。日本には1971年にナマズ養殖の代替として導入された。現在は霞ケ浦をはじめとした利根川水系や、琵琶湖のほか各地で報告されている。

【生態】基本的に夜行性である。雑食性で、エビ類、魚類、昆虫類、ネズミ、カエル、カメなどを食べ、体長1m、体重10kgに達する個体もあるが、成長は遅く3年で全長30cm程度である。

【特徴】日本のナマズと異なる点は、口ヒゲが4対8本と多いこと、脂ビレがあること、尾ビレの切れ込みが深いことなどである。また背ビレと胸ビレにはトゲがある。食用のフライなどで利用されるが、霞ケ浦の養殖業者が飼育個体を野外に放したことをきっかけに拡散した。特定外来生物である。

幼魚

# カムルチー

*Channa argus*
●タイワンドジョウ科タイワンドジョウ属

全長：約40cm

【分布】中国大陸原産。日本には1906年に朝鮮半島経由で移植されたという。
【生態】河川の下流域、水田地帯の用水路や湖沼に生息するが、生息密度は高くない。初夏の頃に稚魚が群れで見られ、その下に親魚がいて稚魚を守っている。10cm程度で単独生活に入るようで、小型個体は浅い場所に静止して餌を待っている。70〜80cmにまでなり、その形状はまるで丸太のようだ。
【特徴】小型個体の模様は2列あり、斑点が明瞭。背ビレはきわめて長く、頭の後部から尾ビレの付け根までおよぶ。尻ビレも長い。完全な動物食で、大型個体は魚以外にウシガエルやアメリカザリガニを捕食する。高水温時には空気呼吸もする。中国などでは生きたまま売られ、揚げ物などにして食される。

# ドジョウ

*Misgurnus anguillicaudatus*
●ドジョウ科ドジョウ属

全長：約12cm

【分布】日本全国。県内では丘陵地帯から平地にかけての河川に広く分布。溜め池などには思いのほか少ない。
【生態】平野部の浅い池沼や流れの緩やかな水路、田の小溝、湿地などの泥底にすむ。冬期には泥底に潜り越冬することもある。雑食性で、泥底を動き回りながらユスリカの幼虫、底生動物、藻類、植物の種子などを食べる。産卵期は4月下旬〜6月下旬で、産卵は雨上がりの早朝に岸辺の浅い場所でオスがメスに巻きついて行われる。水路と水田が連続する場所では水温の高い水田で産卵する。卵は2〜3日でふ化し、1年で5cmほどになり、約2年で成熟する。メスはオスより成長が早く大型になり、最大20cm以上の個体がいる。
【特徴】体全体が褐色で不規則な斑紋が散在する。腹面は乳白色で斑紋はない。ぬるぬるとした粘液に覆われている。口ヒゲが上唇に3対、下唇に2対ある。産卵期のオスの胸ビレは大きく長く伸

上アゴと下アゴで合計10本の ヒゲを持つ。蒲焼や柳川鍋な ど県内でも古くから食用魚に されてきた

下から見ると下唇に2対の ヒゲがあるのが分かる

び、背ビレ前後の背部が角張っていて性別の識別は容易だ。腸呼吸を行い、水面近くに浮き上がって空気を飲み込み、肛門から気泡を出しながら沈む。水田の極めて浅い場所でも泥に潜り隠れることができ、水田の有無とドジョウの分布は一致する。蒲焼、柳川鍋などが美味しいが、ドジョウ汁は姿がリアルで食べづらい。最近は食用ドジョウの輸入に伴いカラドジョウが増えており、都市河川ではその割合が高い。

# ミナミメダカ

*Oryzias latipes*
●メダカ科メダカ属

VU

全長：約3cm

【分布】日本海側を除く国内各地。2012年にメダカは2種に分けられ、日本海側の近畿、北陸から東北地方のものがキタノメダカとなった。その他の地域にミナミメダカが生息する。

【生態】平野部の小河川や昔ながらの用水路などに広く生息し、水田と用水路が連続している場所では水田に入って来る。大きな河川にはほとんど生息しない。最大4cmで小さな魚の代名詞。水面近くを少群で泳ぎ、畔を歩くと見つけやすい。6〜10月の水温20℃以上の季節に何回も産卵するが、親が卵を守らないので、水草などが茂っている場所が繁殖に必要で、稚魚の隠れ場にもなる。寿命は自然状態ではほぼ1年で稀に2年のもいる。

【特徴】背ビレが著しく後ろにあり、他の魚種の稚魚との識別は容易。水面から見ても頭の近くが最も幅があるので識別しやすい。姿がよく似ている外来種としてカダヤシがいるが、分類上はメダカとは全く違う別種である。外見上の大きな相違点はカダヤシの尾ビレは丸くメダカは角ばっていること、カダヤシのオスの尻ビレが縦長なのに対

水田わきの用水路など流れの
穏やかな場所に分布し寿命は
1年ぐらい

してメダカの尻ビレは横に長い四角形をしていることである。メダカの飼育品種はヒメダカ（緋メダカ）を始めとして数多く作出され、特に最近はメダカ飼育のブームで、色々な品種が売られている。しかし、このような品種は野生状態では目立ちすぎて捕食者に見つかり易く生存することは難しい。飼育個体を川へ放すと在来のメダカと交雑して、在来メダカの遺伝子汚染の原因となる。むやみに川へ放さない注意が必要である。

メダカという名前の通り目はやや上に
ついている。口もかなり上にある

# カダヤシ

*Gambusia affinis*
● カダヤシ科カダヤシ属

全長：約4cm

【分布】外来種。本来の分布域は北アメリカ大陸。英名モスキートフィッシュの名の通り蚊の幼虫を捕食し、蚊絶やしにする目的でハワイから台湾を経由し、大正時代初期に日本に移植された。
【生態】流れの穏やかなワンドや、流れのほとんどない用水路などに生息している。メダカより汚染に強いとされ都市部の水路などでも繁殖している。プランクトンやボウフラ、小さな水生昆虫などを食べ、肉食性も強く他の魚の稚魚なども捕食する。繁殖期は春から秋。オスの尻ビレが挿入器となっており、交尾によって体内受精する。受精卵が母体内にとどまって発育し、幼体となってから体外に出る卵胎生であるが、哺乳類のように胎盤を持たないので、卵の栄養のみでふ化する。
【特徴】オスは3cm、メスは5cmとメスのほうが大きくなる。都市河川でメダカのような魚を見かけたら、カダヤシの可能性が高い。メダカとはよく似ているが全くの別種で外見も異なる（ミナミメダカ参照）。特定外来種。

Column 05

# タナゴ類と二枚貝の関係

婚姻色が美しいヤリタナゴのオス（上）と、腹の下に少し産卵管が見えるメス（下）

タナゴ類は婚姻色が美しく、大きさも手頃であることから人気のある魚だ。さらに二枚貝のエラの中に産卵するという特殊な繁殖をする魚である。産卵期のメスは長く伸びた産卵管で二枚貝の水管からエラに卵を産みつけ、卵はそこで発生し、ふ化した仔魚は水管から稚魚として泳ぎ出る。

このタナゴ類は県内に広く生息していたが、今や激減してしまった。原因は、水質汚染、外来魚の増加、乱獲など様々だが、最も大きな原因は河川改修や圃場整備による生息地の破壊で、その結果としての二枚貝の減少である。二枚貝の幼生は底生魚に寄生するので多様な魚がいる環境がないと繁殖できない。二枚貝と魚（タナゴ類）は共存関係にある。タナゴ類を復活させるには多様な生物がすむ環境を取り戻すことが必要だ。環境が改善していない状態で魚を放流しても、繁殖することはできない。また、病気の蔓延や遺伝的攪乱などの弊害をもたらす。

絶滅危惧種の保護に取り組むことは必要だが、生物に触れることさえできなければ関心も薄れる。大事なのは子どもたちが気軽に魚捕りできる環境を復活させ維持することだ。多様な生物がすむ川が身近にあれば、そこは子どもたちにとってかけがえのない宝となる。自然のなかで遊び、経験することは人が生きるうえで大きな財産になる。その地域に昔からすんでいた様々な生き物が増えるように環境を改善すること。生物が生息する多様な環境への知識の積み重ねと、生き物との共存を目指す地道な活動が必要となる。

# ミヤコタナゴ

*Tanakia tanago*
●コイ科アブラボテ属

EW

全長：約7cm

【分布】関東地方のみに分布。すでに神奈川県、東京都、群馬県では絶滅。栃木県のみに自然状態の生息地が残っているものの、保護対策なしに生存を続けることはできない状態だ。
【生態】雑食性で湧水起源の小河川に生息する例が多い。マツカサガイなどの二枚貝に産卵する。小型のタナゴ類のひとつで、最大でも5cm程度である。そのため他の種との競合を避けているようで、他のタナゴ類との共存は容易ではない。最近、これまで記録の無かった茨城県でみつかったが、千葉県の系統であることが判明した。
【特徴】春の産卵期にオスの尻ビレには鮮やかな橙色と黒色の帯が現れ、体側は紫色と橙色を帯びる。産卵母貝の周囲に縄張りを形成する。所沢市ではオスはナナイロ、メスはヒランチョと呼ばれていた。関東地方のみに生息する

国指定の天然記念物に定められ
採集や飼育は禁止されている
(撮影:さいたま水族館)

タナゴだが、すでに3都県では絶滅している。かつては都内にも生息地があり、善福寺川と善福寺池にムサシトミヨとともに生息していた。原記載に用いられた標本は1909年に小石川にある東大付属植物園の池で採取されたものである。県内では利根川水系、川越、所沢の柳瀬川流域に標本記録がある。すでに県内では野生状態で生息する場所はなく、滑川町（滑川町エコミュージアムセンター）と所沢市（埋蔵文化財調査センター）の飼育施設に飼育個体群が存在する。埼玉県のレッドデータブックでは「野生絶滅」のランクになる。環境省の「種の保存法」、文化庁の「天然記念物」の指定種。国の法律で指定しても、地域の理解と協力なしにそれだけで野生生物として生存できるかは疑問が残る。

# ヤリタナゴ

*Tanakia lanceolata*
●コイ科アブラボテ属

CR

全長：約7cm

【分布】本州の東北太平洋側を除く地域。タナゴ類では最も広い生息域があり、四国、九州にまで分布する。日本海側は青森県まで生息している。県内の生息地は極限されており、保全対策を迅速に行わないと絶滅する危険は高い。
【生態】在来種のタナゴで唯一、自然状態で生息している。春先にはオスの背ビレと尻ビレは朱赤色、体側は緑と赤の混じった婚姻色を示し、鼻には追星が現れ、口の周囲は黒くなり美しい。雑食性で河川中流域から下流域、水田地帯の用水路などの流水域に生息した。かつては県内に広く生息し、利根川流域から所沢の柳瀬川流域まで見られたが、現在の生息地は県中部の素掘りの農業用水路が広がる地域に限られる。タナゴ類としては体高の低い種で比較的流速のある場所に生息している。1年で5〜6cm、2年目で8〜9cmとなり、最も大きい個体は12cmになるが3〜4年かかる。タナゴ類ではカネヒラ

婚姻色で背ビレや尻ビレの先端が赤くなったヤリタナゴのオス（下）と婚姻色は地味なメス（上）

の次に大きくなる。大型個体はメスが多い。野生個体の寿命はおおよそ2年である。マツカサガイ、ヨコハマシジラガイなどの大きくない流水性の二枚貝に産卵する。婚姻色の発現したオスは産卵する貝の周囲に縄張りを形成して、他のオスを追い払う。産卵管の長さの関係でドブガイなどの大きくなる二枚貝は利用できず、外来種のタイリクバラタナゴとは同じ二枚貝に産卵する競争者となる。

【特徴】流水性の二枚貝生息地が保全されないと、生存を続けるのは難しい状態である。保護対策が実施されない中、きわめて危機的である。生息地には産地不詳のタナゴ類が放されることがあり、これまでにアカヒレタビラ、キタノアカヒレタビラ、アブラボテ、カゼトゲタナゴ、タイリクバラタナゴが放流されたことが確認されている。また、産卵貝の二枚貝も色々な種が入れられている。

# タイリクバラタナゴ

*Rhodeus ocellatus ocellatus*
●コイ科バラタナゴ属

全長：約5cm

【分布】中国大陸原産の外来種。1942〜1943年頃に移植されたと推定。

【生態】雑食性で河川下流域と池沼などの止水域、水田地帯の用水路などに広く生息している。マツカサガイ、ドブガイなどの二枚貝に産卵するのでそれらの貝の近くに生息する。他のタナゴと違い産卵期が春から秋までと長い。しかも成熟サイズが小さく、春先に生まれた個体が秋には成熟するので繁殖力は強い。在来のタナゴにとっては同じ二枚貝に産卵する競争者となるが、在来タナゴの減少とともにタイリクバラタナゴも多い魚ではなくなっている。寿命はおおよそ2年。

【特徴】戦時中に中国大陸より移植されたソウギョ、ハクレン、コクレン、アオウオなどに混ざって持ち込まれたもので、1947年に利根川水系で採取された記録がある。釣り人からはオカメと呼ばれ、より小型の個体を釣り競うことが行われた。幼魚や小型個体は背ビレに黒斑があり、似た種との識別は容易。オスは最大7cmで体高が高く、水槽に入れると婚姻色の個体は映えて、観賞魚としての価値がある。

バラタナゴの仲間は婚姻色の
色合いがバラのように美しい
ことが名前の由来

正面から見ると側扁していて
かなり薄い魚体

# カネヒラ

*Acheilognathus rhombeus*
- コイ科タナゴ属

秋の産卵期になるとオスは青緑色が体表に現れ
背ビレや尻ビレなどがピンク色に染まる

全長：約8cm

【分布】国内外来魚。本来は琵琶湖から九州までの地域に分布。県内ではタナゴ類の生息場所に同所的に見られるが個体数は多くない。
【生態】河川中流域から下流域、水田地帯の用水路などに生息する。在来のタナゴ類では最も大きくなる種で、最大で15cm以上の記録があるが、県内では大型個体はあまり見られない。雑食性だが植物質のものを多く食べる
【特徴】他のタナゴ類と違い産卵期が春ではなく秋で、9〜11月頃が産卵期と推定される。稚魚が貝内から出現するのは翌春になることが知られている。

タナゴの仲間では大型になり、釣りの対象で人気が高いが県内では見かけることは少ない

オスの婚姻色は体側が青緑色で腹は淡紫色から淡桃色となる。背ビレも同様の色となるが、産卵時は体に近い側が黒ずみ、ヒレ全体は淡桃色となる。追星も鼻先などにはっきりと現れる。ただし、他のタナゴ類と比べると婚姻色はあまり顕著ではない。メスの産卵管は太く短く、体色に変化はほとんどない。県内のタナゴ類の生息する場所で、個体数は多くないが見かけることがあり、自然繁殖しているものと推察される。どのような経緯で生息するようになったかは明らかでない。

# モツゴ

*Pseudorasbora parva*
●コイ科モツゴ属

全長：約7cm

【分布】かつては関東地方以西の本州、四国、九州に分布していたが、現在では日本全国で広く見られる。

【生態】県内では丘陵地帯から平地にかけての河川中・下流域、平野部の浅い湖沼や池、農業水路にすみ、流れの穏やかな泥底または砂泥底の中・低層を好む。止水にも普通に生息し、都市公園の池にも必ずと言ってよいほど見られる。雑食性でユスリカの幼虫、動物プランクトン、付着藻類を食べる。産卵期は春から夏にかけてで、ヨシなどの堅い植物の茎、石やコンクリートなど、表面が滑らかな場所に産卵する。産卵は1対の雌雄で行われるが、オスは縄張りを作り卵を守りながら別のメスを導いて、次々と卵を産ませる。卵は12日ほどでふ化する。1年で6cm

口は上向きでおちょぼ口で、クチボソの名の由来にもなっている

ほどに成長し成熟する。最大個体で10cm程度。産卵する場所が石やコンクリートでも可能なので抽水植物の無い都市公園の池にも繁殖できる。

【特徴】体は細長く側扁し頭が尖っている。地域によりクチボソ、ボソとも呼ばれる。口が小さく上を向いてオチョボ口であることが、その由来と推察される。口ヒゲは無い。体の真ん中に口先から尾ビレまでつながる黒い縦縞があり、若い個体ほど明瞭だ。産卵期のオスは全身が紫色を帯びた灰黒色に変わり、背が盛り上がり、縦縞が見えなくなる。さらに口の周囲には追星も現れる。醤油、みりん、砂糖で甘辛く煮て食べるが、小型個体のかき揚げはホロ苦くて絶品である。釣りの対象魚で、小さな口で餌をつつく餌盗りの名人だ。

# カワアナゴ

*Eleotris oxycephala*
●カワアナゴ科カワアナゴ属

全長：約13cm

【分布】関東以南の本州太平洋側が主な生息地。四国、九州にも分布。県内では利根川水系のみで確認されているが、埼玉県は生息の北限に近く、生息密度は低い。茨城県の那珂川まで生息。

【生態】河川の中・下流域に生息し砂礫底を好み、岩や沈倒木の陰などに身を隠している。夜行性でエビ類や小魚を好んで食べる。捕食時の行動は俊敏である。産卵も生まれも川だが、いったん海に降り再び川に戻る両側回遊魚。淡水域でふ化した稚魚は海に降りる。

【特徴】背面は平たく、明るい茶色のウロコに覆われ上唇と目を結んだ線より腹側は暗茶色をしている。体色は生息環境などによって個体差が激しく、暗褐色から灰褐色までさまざま。また興奮すると体色が濃くなる。ハゼに似た体形をしているが、腹ビレは吸盤状になっておらず左右に分離している。尾ビレと胸ビレの付け根に黒い斑があり、頭部下側から頬にかけては白斑がある。最大25cm。食味が海のアナゴに近いのでこの名前が付いたという説や、穴のような物陰に潜む習性からアナゴと呼んだ説などがある。

夜行性で昼間は岩陰等に潜んでいるが小魚が目前を通過すると食らいつく

転石や沈倒木に身を隠すと見つけるのは難しい

# クルメサヨリ

*Hyporhamphus intermedius*
● サヨリ科サヨリ属

NT

全長：約18cm

【分布】本州から九州までの汽水を中心に大河川の下流域や海跡湖などに生息。県内では江戸川、中川および荒川の支流数ヵ所で確認されているが、生息数も少なく捕獲されることは稀である。
【生態】一生を淡水もしくは汽水で過ごし、海に出ることはないとされているが東京湾の干潟での採取記録がある。動物性プランクトンを主に食べ、最大20cm程度で海のサヨリと比べるとかなり小型だ。水面付近を群れで泳ぎ、夜間ライトに集まる習性がある。春から夏にかけて川を遡上することが知られており、埼玉県の河川に現れるのはこの時期である。産卵は岸辺の水草などに卵を絡ませて産む。護岸工事などで岸辺の植物が激減し、繁殖環境や稚魚の生育場が悪化していることから全国的に絶滅が懸念され、環境省レッドリストでは準絶滅危惧種に指定されている。関東地方では生息数が限られる。
【特徴】魚体はかなり細長く、下アゴが針のように尖っているのが大きな特徴。海のサヨリの下アゴ先端が朱色なのに対してクルメサヨリの下アゴ先端は黒い。背部は青緑色でウロコがあり腹部はパールホワイト。身は透明で体側にそって太い銀灰色の線がある。

上アゴよりも下アゴが長く伸びている。アゴの先端は黒い

表層を群れで泳ぎ夜間ライトに集まる習性がある

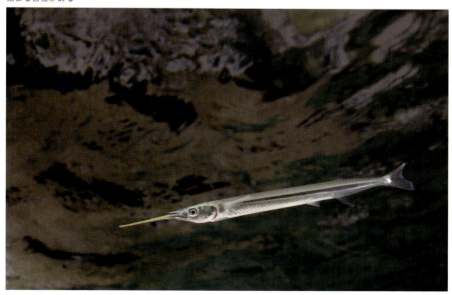

# ボラ

*Mugil cephalus cephalus*
●ボラ科ボラ属

全長：約25cm

【分布】国内の汽水域から沿岸域に広く生息し、高水温時は河川にも入る。
【生態】付着生物や底生生物を積極的に食べるので成長は早く、秋には20cm近くにまでなる。冬は川より水温の高い海に降り、翌春再び河川の汽水域に入ってくる。これを2〜3回行って60cm以上の大きな魚になる。
【特徴】夏頃5〜8cm程度の小型の稚魚が群れをなして河川の汽水域を泳いでいる。この稚魚は海で生まれ、成長の場である汽水域に入ってくるもので、水温の高い時期は淡水域にまで遡ってくる。表層を泳ぐことが多く、30cm以上の個体は水面を垂直に跳ねる行動が特徴的で、時には舟にも飛びこむことがある。大型個体の刺身は美味で、タイの刺身とだまされるほどだ。卵巣は「カラスミ」に加工される。

目が左右に大きく離れ、胸ビレが体の上方についている風貌は独特。出世魚でハク、イナ、ボラ、トドと成長によって呼び名が変わる

海から淡水まで生息場所が広い。河口から100km上流でも捕獲されることがある

# マハゼ

*Acanthogobius flavimanus*
●ハゼ科マハゼ属

全長：約13cm

【分布】北海道を除く日本国内の汽水域から沿岸域。

【生態】東京湾沿岸の水深の浅い場所に広く見られる。高水温時は河川に入るが、秋を迎え水温低下とともに海に下る。生まれる場所は海に近い場所で、海域や汽水域に留まる個体が多いが、一時的には淡水域まで遡ってくる。夏頃3〜5cm程度の小型の稚魚が岸壁などの浅い場所にたくさんいるが、秋めくと成長とともに水深のある場所に移っていく。秋、少し寒くなる頃には10cmくらいに育っている。

【特徴】極めて浅い場所に生息する底生魚。透明度の良くない水域でも岸辺に餌を探す個体が見える。10cmくらいに育ったものは、天ぷらなどの食材として使える大きさになる。冬になると15cm以上となるが、数は少なくなり、しだいに深い場所、海に近い場所へと移動していく。庶民的な釣りの良い対象魚であり、白身で食味がよく、20cm近い大型のものは焼いても旨い。

汽水域や湾内が主な生息場所だが河川の下流から中流域でも見られることがある

このような姿を沿岸沿いでよく見かける

初夏から晩秋まで釣りの対象魚として人気が高く、天ぷらが美味しい

# アシシロハゼ

*Acanthogobius lactipes*
●ハゼ科マハゼ属

全長：約6cm（幼魚）

【分布】北海道のオホーツク側から四国、九州までの汽水域や河川下流部に広く生息。県内では中川、江戸川以外に荒川下流部およびその支流でも確認されている。

【生態】汽水域から下流部に生息し、あまり上流まで進出しない。砂底や砂礫底の場所に生息しており、マハゼ釣りで混獲される。5〜9月頃までが産卵期で転石や貝殻の裏側に卵を産み付ける。卵の大きさは2.5mm程度で、オスがこれを守る習性がある。エビや底生動物、藻類などを食べ、1年で3〜4cm、2年で7〜8cmに成長する。春先はマハゼと混泳しているが、夏を境にマハゼの生息場所からはほとんど姿を消してしまう。最大10cm程度。

【特徴】身体は細長く薄褐色で腹部は白い。幼魚ではマハゼと区別するのが難しいが、頭部が小さく丸みを帯びていることや、頬やエラ蓋にウロコがないことで見分けられる。オスは成長すると第一背ビレのトゲが長く伸びる。成魚では体側に10〜12本の白色の横縞が現れるのでマハゼとの区別は容易になる。

幼魚はハゼとよく似ているが
頭部がやや小さい

汽水域に多く生息しているが河川下流部にも進出してくる

# スズキ

*Lateolabrax japonicus*
●スズキ科スズキ属

全長：約45cm

【分布】北海道を除く国内の汽水域から沿岸域。外洋よりは塩分濃度の低い内湾域や河川の河口近く、もしくは汽水域に多い。埼玉県の場合、東京湾との繋がりが強いが、利根川にも遡上する。
【生態】海で育ち15〜20cmのセイゴと呼ばれる個体が汽水域から淡水域へと入ってくる。大型のフッコやスズキも淡水域まで入るが、餌との連動性があり、常にいることはないようだ。典型的な肉食魚で水温が高いことも淡水域へと入る時期と関係があるが、一部の個体が来る程度なので数は少ない。
【特徴】遊泳能力は高く、出世魚で大き

出世魚で呼び名が変わる。30cm以下をセイゴ、60cmぐらいまでをフッコ、それ以上がスズキ

さにより呼び方がセイゴ、フッコ、スズキと変化する。水産的に重要な魚で東京湾のものは船橋で多く漁獲されている。夏が旬の淡白な白身魚で、大型のものは刺身や焼き物、蒸し物などにすると旨い高級魚だ。ただし、主に河口域に生息するので生育場所によっては油臭（鉱油臭）がすることもあり、産地によって取引価格は大きく異なる。釣りの対象としても面白く、バス釣りなどの人からは「シーバス」と呼ばれる。最大個体は1mにもなるので大物釣りの良い対象となる。

# 埼玉県内の絶滅種

## ゼニタナゴ

*Acheilognathus typus*
● コイ科タナゴ属　　EX

1980年頃まで児玉郡や比企郡に生息していた。「さいたま自然の博物館」には1970年代頃と推定される標本がある。採取日の記述はないものの、採取場所は荒川中流伊草産と書かれている。これは現在の比企郡川島町伊草と判断される。1935年に荒川水系芝川での記録もある。地形的、水系的な連続性から利根川水系および江戸川、荒川に生息していたものと推定される。関東ではほとんどの県で絶滅し、霞ケ浦産のゼニタナゴが飼育下で系統保存されている。

## タナゴ

*Acheilognathus melanogaster*
● コイ科タナゴ属　　EX

地形的、水系的な連続性から利根川水系および江戸川、荒川水系の下流部や支流に生息していたと推定されるが、現在は絶滅したと考えられる。タナゴ類では最も体高が低く、他のタナゴ類と混同しないように「マタナゴ」と呼ばれる。1935年に荒川水系芝川での記録がある。関東地方では茨城県、栃木県に生存している。

## ミヤコタナゴ

*Tanakia tanago*
● コイ科アブラボテ属　EW

▶P120-121

関東地方にのみ分布。現在、野生環境下での生息地は、栃木県で複数あるが、千葉県ではわずか1生息地のみ。埼玉県では野生絶滅種で、飼育環境下において滑川町と所沢市で保全されている。

## アカヒレタビラ

*Acheilognathus tabira erythropterus*
● コイ科タナゴ属　DD

県内の採取記録はない。関東地方では茨城、栃木、群馬、千葉、東京の各都県で記録があり、地形的、水系的な連続性から生息していた可能性が極めて高い。特に利根川水系では、上流の群馬県の記録が県境近くの渡良瀬遊水池の隣接地にありながら埼玉県側には無く、単に調査不足によって記録されなかっただけではないかと推察される。今後、どこかで埋もれていた標本がみつかることを期待したい。ここでは生息していた可能性が極めて高いことから絶滅種と推定した。関東地方では茨城県、栃木県に生存している。

## シナイモツゴ

*Pseudorasbora pumila pumila*
● コイ科モツゴ属　EX

かつては関東地方から東北地方、中部地方にかけて広く分布していた。関東地方ではすでに絶滅し、最後の確認は1951年で、現在飼育されている系統もない状態だ。県内でも採取記録があるのは戦前であり絶滅したと考えられる。長野県、東北地方にはいくつかの生息地が残っている。

143

# サンショウウオの仲間

●サンショウウオ科サンショウウオ属／ハコネサンショウウオ属

トウキョウサンショウウオの幼生

ふ化が始まった卵のう

### トウキョウサンショウウオ

*Hynobius tokyoensis*
●サンショウウオ属

荒川水系の低山地や丘陵地帯の森に生息する。2〜4月に湧き水の溜まりや水路などに入って産卵する。4〜5月頃ふ化し、初夏頃までエラ呼吸で水中生活を送る。夏までに変態するのが多く、エラは吸収され肺呼吸になり幼体となる。幼生を水中で見るのは春〜夏ぐらいまでの間で、幼体になると上陸する。寿命は10年以上のものがいる。

トウキョウサンショウウオの幼生

## ハコネサンショウウオ

*Onychodactylus japonicus*
● ハコネサンショウウオ属

山地の森林に生息する。体形は細長く、尾は体長の半分に達する。約2年以上水中生活をする。幼生は流れのはやい渓流の支流などで生活するため流されないように鋭い爪をもっている。最近数種に分けられたが埼玉県産の名称はそのままである。

## ヒガシヒダサンショウウオ

*Hynobius fossigenus*
● サンショウウオ属

山間の森林に生息する。背面が紫がかった灰褐色で黄色い斑点があるのが特徴。水中生活をする幼生時はやや太めの体形に大きなエラを持ち愛嬌がある。指先には黒い爪がある。最近、東日本と西日本で別種に分けられた。埼玉県は最も東の生息地の一つである。

ハコネサンショウウオの幼生

ヒガシヒダサンショウウオの幼生

# アカハライモリ

*Cynops pyrrhogaster*
●イモリ科イモリ属

流れの少ない池や沼、水路などに生息。背中は黒色ないし茶褐色で、腹部は赤色ベースに黒の斑模様がある。この腹部の模様は「毒があるぞ」という警告色でフグと同じテトロドトキシンという毒を皮膚に持っている。肺呼吸および皮膚呼吸のためときどき水面に顔を出す。県内希少野生動植物種に指定されており捕獲はできない。寿命は約10年と長い。関東地方の個体の腹部はオレンジ色で独特の雰囲気がある。

写真は他地域産のメス

# アメリカザリガニ

*Procambarus clarkii*
● アメリカザリガニ科アメリカザリガニ属

水深が浅く流れの緩い用水路や水田、池沼などに生息している。体色は赤色や褐色だが稀に青色や白色の変異種も存在する。アメリカ原産の外来種で1927年に日本に持ち込まれた。原産地の北アメリカでは食用として漁獲される。ザリガニ、エビガニ、マッカチン（オスの赤くなった個体）などの呼び名で親しまれる。棒の先にたこ糸を結びつけた仕掛けでスルメや煮干しなどの乾物を餌に釣ることができる。

体色は赤色や褐色のほかに青色や白色もある

# スジエビ

*Palaemon paucidens*
●テナガエビ科スジエビ属

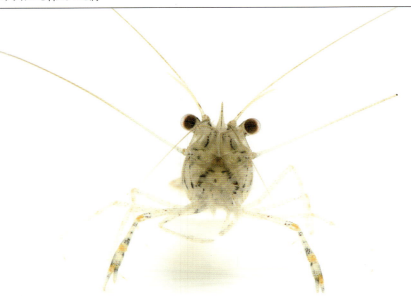

体長は4cm前後で名前の由来にもなっている7本のスジ（黒い縞）があり、透明で内臓が透けて見える。脚の関節部分は黄色ないし橙色。正面から見ると目が飛び出し愛嬌がある。いわゆる腰の部分で尾側が下向きに曲がっている。中・下流域の岸際の水草などに生息し、タモ網などで簡単に捕ることができる。テナガエビよりも上流まで生息。唐揚げや佃煮にも利用される。ほぼ肉食なので他の小魚との飼育は避ける。

タモ網で簡単に捕まえることができる

# テナガエビ

*Macrobrachium nipponense*
●テナガエビ科テナガエビ属

長く発達した前から二番目の脚が特徴で全身緑褐色。河川の中・下流域の流れの緩やかな石の下や護岸の隙間などに潜んでいる。赤虫やミミズ、ソーセージを小さく切ったもので釣ることができる。唐揚げや塩ゆでにすると美味。肉食性なので小魚などと一緒に飼育すると捕食してしまう。また縄張り意識も強いことから数匹を同じ水槽で飼うと喧嘩して傷ついたり捕食したりするので単独で飼うほうが良い。

唐揚げや塩ゆでが美味しい

# カニの仲間

●イワガニ科モクズガニ属／イワガニ科アカテガニ属／サワガニ科サワガニ属

## サワガニ
*Geothelphusa dehaani*
●サワガニ属

水のきれいな渓流や湧き水のある小川に生息している。海に生息するカニのように卵を水中に放ち、幼生期をプランクトンとして過ごすことがなく、稚カニとして親の腹からふ化する数少ない種。地域により体色の違いがあり、青色型、紫色型、赤褐色型、褐色型、黒褐色型の5型に分ける場合と、3型に分ける場合がある。

サワガニ

## モクズガニ

*Eriocheir japonica*
● モクズガニ属

「Mitten Crab（手袋ガニ）」の名の通りハサミに毛が生えているのが特徴。甲羅の幅は7〜8cmだが脚まで入れると20cm以上になる大型のカニ。昼間は水底の石の下や堰堤下などに潜み、常に水中にいる。かなり粗暴で網を切るので漁師からは嫌われる。地域によっては「ケガニ」と呼ぶ。

## クロベンケイガニ

*Chiromantes dehaani*
● アカテガニ属

岸辺の石垣や草むらの湿った場所に生息。外敵から逃げるときは水に飛び込むので、水に近い場所にいる。ゴツゴツした甲羅の印象が武蔵坊弁慶の厳つい風貌を連想させることからこの名がついたという。かなり黒いカニなので識別は容易。単にベンケイガニという海産種もいる。

151

## Column 06
## 淡水魚の養殖が盛んな埼玉県

埼玉県加須市にある埼玉県水産流通センターは、県内で養殖された金魚、メダカ、錦鯉などの淡水魚を扱っており、毎週水曜日（11月～2月は隔週開催）には競りが行なわれる。じつは埼玉県は愛知県に次ぐ全国2位の金魚生産地で、さいたま水族館には金魚の展示コーナーがあるくらいだ。

埼玉県養殖漁業協同組合が運営している埼玉県水産流通センターは、1976年に作られた。これまでは主に金魚を競売してきたが、近年は金魚よりメダカの売上の方が多いという。金魚の産卵が年1回なのに対しメダカは年3回と繁殖しやすく、品種改良もしやすい。全国に200～300種の改良品種がいるといわれ、なかには行田ブラックと名づけられた埼玉産の改良メダカもいる。そうしたメダカが注目される一方で、埼玉県食用魚生産組合ではホンモロコの養殖に力を入れてきた。琵琶湖に生息するホンモロコは身が淡白で美味しいため、埼玉県水産研究所はホンモロコの養殖技術を全国に先駆けて開発、水田を養殖池に転用して県の東部・北部地域で飼育してきた。

水産流通センターの池で競りを待つ金魚たち

毎年4月の第一日曜日と11月3日、埼玉県水産流通センターで開催される淡水魚の大展示即売会では埼玉産ホンモロコの甘露煮やナマズの天ぷらが販売される。ぜひ一度味わってみてはいかがだろうか。

# 埼玉県の漁業協同組合一覧

## 埼玉県漁業協同組合連合会
【所在地】埼玉県加須市北小浜 1060-1
埼玉県水産研究所内
【電話】0480-53-4211
【FAX】0480-53-4228
【Web】http://www.fishing-navi.com/blank-3

## 秩父漁業協同組合
【所在地】埼玉県秩父市荒川久那 4001-1
【電話】0494-22-0460
【FAX】0494-25-2615
【Web】https://gk-chichibu.blog.so-net.ne.jp/

## 埼玉中央漁業協同組合
【所在地】埼玉県熊谷市久下 1831
【電話】048-521-2919
【FAX】048-521-2919
【Web】https://arakawariver.naturum.ne.jp/

## 武蔵漁業協同組合
【所在地】埼玉県比企郡ときがわ町西平 702
【電話】090-8962-4045
【FAX】0493-67-0175

## 埼玉西部漁業協同組合
【所在地】埼玉県日高市大字横手 639-3
【電話】042-982-2312
【FAX】042-982-3490

## 入間漁業協同組合
【所在地】埼玉県飯能市阿須 343-1
飯能市林業センター内
【電話】042-973-2389
【FAX】042-973-2353
【Web】http://jupiterlink.info/irumagyokyo/

## 埼玉南部漁業協同組合
【所在地】埼玉県さいたま市大宮区宮町 2-47
【電話】048-642-5706
【FAX】048-729-4748

## 児玉郡市漁業協同組合
【所在地】埼玉県本庄市本庄 4-8-33
【電話】0495-22-3950
【FAX】0495-22-3950

## 埼玉県北部漁業協同組合
※組合長変更のため事務所、連絡先未定
（2018年11月1日現在）

## 埼玉東部漁業協同組合
【所在地】埼玉県越谷市大間野町 4-48-2
【電話】048-985-1099
【FAX】048-985-1057

# 埼玉県の川と魚を学ぶ施設

埼玉県内には淡水魚を観察できる施設が各地に作られている。
なかには河川と魚と私たちの暮らしとの関わりがよくわかる施設もある。
代表的な施設を掲載したので、気になるところへ出かけてみてはいかがだろう。

※開館時間や定休日などは2018年10月現在のものです。
　変更する場合がありますので、事前に電話や公式サイトで確認してください。

## さいたま水族館

さいたま水族館は羽生水郷公園内にあり、埼玉県にすむ淡水魚を中心に常時約80種の魚を飼育・展示している。1983年の開館当時、淡水魚専門の水族館は全国的にも珍しい存在だった。館内では主に荒川にすむ魚を上流から河口まで順に展示しており、そのほかに海外の淡水魚やオオサンショウウオのような両生類なども紹介している。埼玉県で見ることが少なくなった貴重な生物としてはムサシトミヨ、ミヤコタナゴ、ムジナモが鑑賞できる。なお公園内には国指定天然記念物になっている「ムジナモの唯一の自生地」がある。水族

館では最新の情報を展示に反映し、生き物の生態を解説したパンフレットを作成。子どものための体験イベントも数多く開催しており、魚や生物に触れながら自然を学べる施設となっている。

【所在地】埼玉県羽生市三田ヶ谷751-1
【電　話】048-565-1010
【開館時間】9：30～17：00（12月～2月は16：30まで）
【休館日】3～7月・9～11月：毎月第1月曜日／
　　　　　4月：第2月曜日／8月：無休／
　　　　　12月～2月：毎週月・火曜日／
　　　　　12月29日～1月1日
【Web】http://www.parks.or.jp/suizokukan

## 埼玉県水産研究所

埼玉県水産研究所は、水産業の振興を図るため魚を増やす試験研究や県内の生産者への技術指導を行っている。研究所には、品種改良した金魚やヒレナガニシキゴイが泳ぐ水槽、ソウギョ、コクレン、ナマズ、イワナなどの標本が見られる観賞魚展示棟があり一般公開している。研究所の敷地内には埼玉県養殖漁業協同組合が運営する埼玉県水産流通センターがあり、毎週水曜日（冬季は隔週）に観賞魚の競りが開催されている。

【所在地】埼玉県加須市北小浜1060
【電　話】0480-61-0458
【開館時間】観賞魚展示棟は9：00～16：00
【休館日】土日祝日／振替休日／年末年始
【Web】http://www.pref.saitama.lg.jp/soshiki/b0915/

## 熊谷市ムサシトミヨ保護センター

熊谷市ムサシトミヨ保護センターは2004年、旧埼玉県水産試験場熊谷試験地が熊谷市に移譲されて設立した。「県の魚・市の魚」ムサシトミヨの飼育・保護・繁殖をさいたま水族館の職員が行っている。施設は常時開放はしていないが、毎月第1・第3日曜日の午前9時から10時には地元の「熊谷市ムサシトミヨをまもる会」による解説が行われている。

【所在地】埼玉県熊谷市久下2148-1
【電　話】048-594-6637
（見学希望は熊谷市環境政策課まで：048-536-1547）
【Web】http://www.city.kumagaya.lg.jp/shisetsu/bunka/tomiyo.html

## 埼玉県立川の博物館

埼玉県立川の博物館は、埼玉の母なる川「荒川」を中心に川や水と人々の暮らしの関わりを学ぶ体験型博物館。荒川総合調査の後、日本初の河川系総合博物館として1997年に開館した。館内展示の他にも、荒川に生息する魚類などのミニ水族館や、日本最大級の木製水車など見どころは多い。とくに荒川の源流から河口までの地形を千分の一に縮小した「荒川大模型173」は必見である。博物館の前には荒川が流れており、川原で石や生物の観察をすることができる。

【所在地】埼玉県大里郡寄居町小園39
【電　話】048-581-7333（代表）
【開館時間】通常期　9：00～17：00
【休館日】月曜日（祝日・振替休日・県民の日・7/1～8/31は開館）／年末年始
【Web】http://www.river-museum.jp

## 滑川町エコミュージアムセンター

埼玉県では絶滅したと思われていたミヤコタナゴが1985年、滑川町の溜め池で発見された。同町では保護のために1996年「タナゴ館」、2000年に「エコミュージアムセンター」を開設した。施設ではミヤコタナゴの人工繁殖や調査・研究を行っており、現在3000～4000匹が池や水槽で飼育されている。

【所在地】埼玉県滑川町大字福田763-4
【電話】0493-57-1902
【開館時間】10：00～17：00
【休館日】月曜日・毎月第3日曜日・祝日・年末年始
【Web】http://www.namegawa-kanko.jp

## 大堰自然の観察室

利根大堰は首都圏の都市用水と利根川中流域の農業用水を供給するため1968年に完成。当初より3つの魚道が設置されていたが、遡上性能を改善するため、90年代後半に全面改築した。その際、埼玉県側の1号魚道にはアクリルの窓が設置さ れ、「大堰自然の観察室」として整備された。ここでは初夏にはアユ、秋にはサケが遡上する姿を窓越しに観察できる。11月頃にはサケの採卵観察会も開催される。

【所在地】埼玉県行田市大字須加字船川4369
【電　話】水資源機構利根導水総合事業所
　　　　　048-557-1501
【開館時間】9:00～17:00
　　　　　（10月～1月までは9:00～16:30）
【休館日】洪水時または業務の都合により開放できない場合がある
【Web】http://www.water.go.jp/kanto/tone/

## 彩湖自然学習センター

彩湖自然学習センターは、荒川の洪水調整を行う彩湖のほとりに建つ展示施設である。1階には荒川に生息する魚のミニ水族館があり、県の魚・ムサシトミヨも展示されている。2階～4階では荒川周辺の自然と生物を紹介、5階では荒川改修と彩湖について解説している。屋外にはビオトープもある。

【所在地】埼玉県戸田市大字内谷2887
【電　話】048-422-9991
【開館時間】10:00～16:30
【休館日】第2・第4・第5月曜日（祝日の場合は開館）／
　　　　　毎月末日（土日祝日を除く）／年末年始
【Web】https://www.city.toda.saitama.jp/soshiki/378/

# 索引

※魚類・円口類のみ

| | | |
|---|---|---|
| ア | アオウオ | 98 |
| | アカザ | 36 |
| | アカヒレタビラ | 143 |
| | アシシロハゼ | 138 |
| | アブラハヤ | 22 |
| | アメリカナマズ | 112 |
| | アユ | 78 |
| イ | イワナ | 8 |
| | ウキゴリ | 68 |
| ウ | ウグイ | 24 |
| | ウナギ | 60 |
| オ | オイカワ | 30 |
| | オオクチバス | 100 |
| カ | カジカ | 20 |
| | カダヤシ | 118 |
| | カネヒラ | 126 |
| | カマツカ | 48 |
| | カムルチー | 113 |
| | カワアナゴ | 130 |
| | カワムツ | 32 |
| キ | ギバチ | 34 |
| | キンブナ | 90 |
| | ギンブナ | 91 |
| ク | クルメサヨリ | 132 |
| ケ | ゲンゴロウブナ | 92 |
| コ | コイ | 88 |
| | コクチバス | 102 |
| | コクレン | 97 |
| サ | サクラマス | 12 |
| | サケ | 74 |
| シ | シナイモツゴ | 143 |
| | シマドジョウ | 38 |
| | ジュズカケハゼ | 70 |
| | シロサケ | 74 |
| ス | スゴモロコ | 56 |
| | スズキ | 140 |

| | | |
|---|---|---|
| | スナヤツメ | 72 |
| セ | ゼニタナゴ | 142 |
| ソ | ソウギョ | 95 |
| タ | タイリクバラタナゴ | 124 |
| | タナゴ | 142 |
| | タモロコ | 106 |
| チ | チチブ | 84 |
| | チャネルキャットフィッシュ | 112 |
| | チョウセンブナ | 99 |
| ツ | ツチフキ | 104 |
| ト | トウヨシノボリ | 64 |
| | ドジョウ | 114 |
| ナ | ナマズ | 110 |
| ニ | ニゴイ | 46 |
| | ニジマス | 18 |
| | ニッコウイワナ | 8 |
| | ニホンウナギ | 60 |
| ヌ | ヌマチブ | 84 |
| | ヌマムツ | 32 |
| ハ | ハクレン | 96 |
| | ハス | 52 |
| ヒ | ヒガシシマドジョウ | 38 |
| | ビワヒガイ | 50 |
| フ | ブルーギル | 103 |
| ホ | ホトケドジョウ | 40 |
| | ボラ | 134 |
| | ホンモロコ | 55 |
| マ | マハゼ | 136 |
| | マルタ | 42 |
| ミ | ミナミメダカ | 116 |
| | ミヤコタナゴ | 120, 143 |
| ム | ムギツク | 54 |
| | ムサシトミヨ | 58 |
| | ムサシノジュズカケハゼ | 70 |
| メ | メダカ | 116 |
| モ | モツゴ | 128 |
| ヤ | ヤマメ | 12 |
| | ヤリタナゴ | 122 |
| ヨ | ヨシノボリ類 | 64 |
| ワ | ワカサギ | 26 |
| | ワタカ | 108 |

# おわりに


埼玉県の水系は荒川と利根川の二つだと思われているが、以前は同一の水系であった。江戸時代前期、利根川は鬼怒川の流路に合わせて銚子へ、荒川は分離されて入間川の流路に変更された。こうした水系との繋がりが生物の分布にも影響している。例えば現在利根川を遡るサケはかつて鬼怒川に遡上していたものである。四大家魚と呼ばれる大陸産の大魚は、利根川が海まで注ぐ時間が長いからこそ繁殖可能になった。現在の埼玉県内には外来種を含めて約70種の魚が生息している。汽水域までありながら大きな自然湖沼のない県としては妥当な数ではないだろうか。特に貴重な種としてミヤコタナゴは飼育環境下での生存だが、元荒川にはムサシトミヨの唯一の生息地が奇跡的に残されている。

私は熊谷、鴻巣を経て小川町に越してきたが、それ以前より荒川水系と利根川水系で、県境を跨いで魚を始めとする生物全般を調査する仕事に携わってきた。もちろん川は大好きで、近所の都幾川などで子供たちと季節を問わず遊んでいる。きれいで適度な里山的環境を持つ流域は、家族の遊びの場でもある。これからも、この環境を保全するために努力を惜しまないつもりでいる。


本書は知来要さんが撮り溜めてきた写真があってこそ実現した。さらに多くの人々の協力によって世に出すことができた。特に藤田宏之、小林健二、伊藤寿茂、伊藤一雄、橋本健一、福島義一（故人）（敬称略・順不同）らの協力を頂いたので、ここに記し感謝申し上げる。


斉藤裕也

【協力】(五十音順・敬称略)
〈撮影・写真〉
沼田研児
かすみがうら市水族館
国立研究開発法人 水産総合研究センター
さいたま水族館
独立行政法人水資源機構利根導水総合事業所
〈取材〉
中村陽一(オッケーフィッシュファーム)
熊谷市ムサシトミョ保護センター
彩湖自然学習センター
埼玉県水産研究所
埼玉県水産流通センター
埼玉県立川の博物館
滑川町エコミュージアムセンター

【参考文献】
『環境省レッドリスト2018』
『日本産魚類検索 全種の同定 第3版』
　(編:中坊徹次/東海大学出版会)
『日本魚類館』(編・監修:中坊徹次/小学館)
『日本の淡水魚』
　(著・編集:川那部浩哉、編集:水野信彦/山と渓谷社)
『くらべてわかる淡水魚』(文:斉藤憲治/山と渓谷社)
『さいたま動物記』(毎日新聞さいたま支局/毎日新聞社)
『日本のドジョウ』(文:中島淳/山と渓谷社)
『埼玉県レッドデータブック2008 動物編』

【写真】
## 知来　要
1956年埼玉県幸手市生まれ。サンケイスポーツ新聞社、ベースボールマガジン社を経て2013年フリーカメラマンとして独立。田淵行雄賞受賞。著書に『森のフィッシュ・ウオッチング』『水辺と水中の「感動」を撮る』(つり人社)、『顔がわかるさかな図鑑』(宝島社)など。

【編・監修】
## 斉藤裕也
1953年横浜市生まれ。北里大学水産学部卒。河川や海域を調査フィールドとし、サケ科魚類の生態を専門とする。「ヤリタナゴ調査会」、「南限のサケを育む会」、「奥武蔵陸水生物調査会」等を主催。「ヤリタナゴ調査会」は群馬県環境功績賞、環境省より地域環境保全功労者表彰を受けた。

# 埼玉の淡水魚図鑑
2018年11月27日　初版第1刷　発行

| | |
|---|---|
| 写真 | 知来　要 |
| 編・監修 | 斉藤裕也 |
| 発行所 | さわらび舎(代表・温井立央) |
| | 〒335-0003　埼玉県蕨市南町3-2-6-701 |
| | Tel & Fax 050-3588-6458 |
| 装丁 | 草薙伸行(PLANETPLAN) |
| 本文デザイン | 大崎善治(SakiSaki) |
| 印刷・製本 | 株式会社シナノパブリッシングプレス |

© 2018 Thirai You　Printed in Japan
落丁・乱丁本はお取替えいたします
ISBN 978-4-9908630-5-0